"十四五"职业教育国家规划教材

计算机辅助设计制图员培训教程

机械CAD技术
——AutoCAD实例与考级

陈冲锋　叶年锁　主编

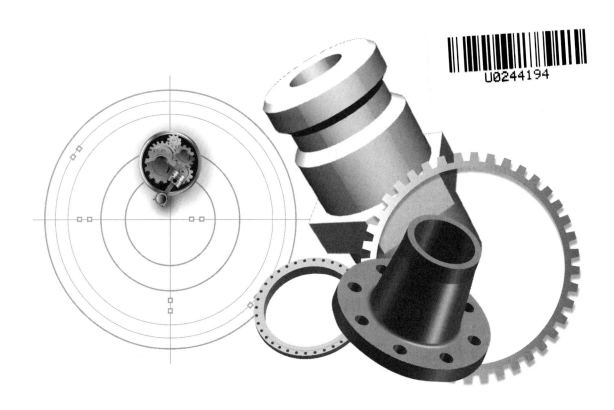

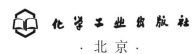

化学工业出版社

·北京·

本书全面介绍了目前在计算机辅助绘图与设计领域中的各种 CAD/CAM 软件，并以 AutoCAD 中文版为基础，系统介绍了 AutoCAD 的二维图形绘制、三维实体造型、图形的输出与打印等基本知识。书中每章后附有思考与练习，附录中附有计算机辅助设计制图员国家职业标准和计算机辅助设计制图员（机械）中级理论知识和实操样题。

本书适合计算机辅助设计机械类中级制图员的培训考证，可作为各职业技术院校和培训机构的 AutoCAD 教材，同时也可作为 AutoCAD 爱好者的自学教材。

图书在版编目（CIP）数据

机械 CAD 技术：AutoCAD 实例与考级/陈冲锋，叶年锁
主编. —北京：化学工业出版社，2019.1（2025.2 重印）
计算机辅助设计制图员培训教程
ISBN 978-7-122-33373-5

Ⅰ.①机…　Ⅱ.①陈… ②叶…　Ⅲ.①机械设计-计算机
辅助设计-AutoCAD 软件-技术培训-教材　Ⅳ.①TH122

中国版本图书馆 CIP 数据核字（2018）第 269163 号

责任编辑：韩庆利
责任校对：王素芹　　　　　　　　　　　　装帧设计：张　辉

出版发行：化学工业出版社（北京市东城区青年湖南街 13 号　邮政编码 100011）
印　　装：涿州市般润文化传播有限公司
787mm×1092mm　1/16　印张 9　字数 203 千字　2025 年 2 月北京第 1 版第 4 次印刷

购书咨询：010-64518888　　　　　　　　售后服务：010-64518899
网　　址：http://www.cip.com.cn
凡购买本书，如有缺损质量问题，本社销售中心负责调换。

定　　价：28.00 元

前言

　　本书是根据最新的教学要求，并参照相关的国家职业标准和行业的职业技能鉴定规范及中级技术人员等级考核标准编写的。

　　本书全面介绍了目前在计算机辅助绘图与设计领域中的各种 CAD/CAM 软件，针对计算机辅助设计制图员（机械）中级考试，以 AutoCAD 2012 中文版为基础，系统介绍了 AutoCAD 的二维图形绘制、三维实体造型、图形的输出与打印等基本知识，加强了绘图实用技巧的介绍。书中突出了"教学做合一"的教学模式，在编排上，按照学习规律，经过精心组织，由浅入深，由易到难，力求做到循序渐进，通俗易懂。每个章节通过典型实例分析、上机操作训练、课后习题巩固等环节，解决理论和实践脱节的教学难题。建议教学和上机实践操作按照 1∶1 学时分配。

　　本书将 AutoCAD 绘图知识与培训考证有机结合，适合 AutoCAD 机械制图入门学习和计算机辅助设计机械类中级绘图员的培训考证，可作为各职业技术院校和培训机构的 AutoCAD 教材，同时可作为 AutoCAD 爱好者的自学教材。

　　本书由芜湖市首席技师陈冲锋和芜湖市学科带头人叶年锁担任主编，黄斌斌、续健担任副主编。全书由陈冲锋、叶年锁、王全、左平、戴晶、汤莉、陈孝和、汤永璐、童家凤、王晶、钱成龙、文晓丽、李鹏、严子春、杨成功、周燕峰编写，韩殿担任全书的主审。曹凤鸣老师负责本书中图片的处理。在本书编写过程中，得到了相关单位领导和同事的关心与大力支持，在此一并表示衷心的感谢！

　　编者在本书的编写过程中，虽精益求精，力求完美，但由于编者水平有限，书中不足之处在所难免，恳请读者批评指正。

编　者

目录

第1章

绪论

1.1 机械 CAD 的基本概念

CAD 是英文 Computer Aided Design 的缩写，意思为计算机辅助设计。CAD 其实就是一种工业产品设计软件，是工程技术人员利用计算机及其图形设备进行产品设计与开发的重要工具。

CAD 是一门技术，而且是一项综合性的技术，涉及计算机图形学、数据库、网络通信等学科知识，是先进制造技术的主要组成部分，是提高设计水平、缩短产品开发周期、增强行业竞争力的一项关键技术。

CAD 软件一般分为二维 CAD 和三维 CAD 两大类。二维 CAD 软件侧重于工程图制作，三维 CAD 软件侧重于建模、模具设计、NC 加工等。

本书介绍的是 AutoCAD 软件，它是美国 Autodesk 公司的重要产品之一，应用领域非常广泛，它几乎应用于所有跟绘图有关的行业，如建筑、机械、电子、天文、物理、化工等。

1.2 机械 CAD 技术的应用

CAD 技术首先应用在发达国家的航空军事工业中。随着 CAD 技术的发展与普及，CAD 技术应用从军事工业向民用工业扩展，由大型企业向中小型企业推广，由高技术领域向日用家电、轻工业产品的设计和制造中普及。另外 CAD 技术也逐步从发达国家"流向"发展中国家。

CAD 在机械制造行业应用较早，也最为广泛。采用 CAD 技术进行产品设计不但可以使设计人员"甩掉图标"，更新传统的设计思想，实现设计自动化，降低产品成本，提高企业及其产品在市场上的竞争能力；还可以使企业由原来的串行式作业转变为并行作业，建立一种全新的设计和生产技术管理体制，缩短产品的开发周期，提高劳动生产率。如今世界各大航空、航天及汽车制造业巨头不但广泛采用 CAD 技术进行产品设计，而且投入大量人力物力及资金进行 CAD 软件的开发，以保证自己技术生产的领先地位和国际市场上的优势。

CAD 技术在建筑行业也得到广泛应用。CAD 建筑设计（Computer Aided Architecture Design，简称 CAAD）为建筑设计带来了一场真正的革命。随着 CAAD 软件从最初的二维通用软件发展到三维建筑模型软件，CAAD 技术被广泛采用，这不但可以提高设计质量，缩短工程周期，还可以节约 2%～5% 的建设投资。

CAD 技术还应用于轻纺及服装行业中。以前我国纺织品及服装的花样设计、色彩的变化、图案的分色、描稿及配色等均由人工完成，速度慢、效率低，而且国际市场上对纺织品及服装要求是批量小、花色多、质量高、交货快，这使得我国纺织品在国际市场上的竞争力不强。采用了 CAD 技术以后，大大加快了我国纺织品及服装走向国际市场的步伐。

如今，CAD 技术已进入到人们的日常生活中，在电影、动画、广告和娱乐等领域大显身手。美国好莱坞电影公司主要利用 CAD 技术构建布景，还可以利用虚拟现实的手法设计出人工不可能做到的布景。

我国 CAD 技术的研究始于 20 世纪 70 年代，当时主要集中在少数高校及航空领域等极小范围。80 年代初，开始成套引进 CAD 系统，并在此基础上进行开发和应用；同时国家在 CAD 技术研究方面重点投资，支持对国民经济有影响的重点机械产品 CAD 进行开发和研制，为我国 CAD 技术的发展奠定了基础。20 世纪 90 年代初，原国家科委将 CAD 应用与先进制造技术、先进信息、CIMS 一起作为重点发展的四大工程；"十五"期间，CAD 应用工程与 CIMS 工程合并实施制造业信息化工程，极大地促进了 CAD 技术在我国制造工程领域的推广和普及。科技部在 CAD 应用工程 2000 年规划纲要中指出："到 2000 年，在国民经济主要部门的科研、设计单位和企业中全面普及推广 CAD 技术，实现'甩掉图板'（指传统设计中的描图板），提高智能劳动效率，推广我国 CAD 市场，扶持发展以 CAD 为突破口的我国自主创新的软件产业，建立起我国的 CAD 产业"。

通过多年坚持不懈的努力，我国 CAD 技术在理论与算法研究、硬件设备生产、支撑软件的开发与商品化、专业应用软件的研制与应用，以及在人才培养与技术普及等方面均取得了丰硕的成果。近年来，我国 CAD 技术发展迅速，应用日趋成熟，范围不断拓宽，水平不断提高，应用领域几乎渗透到所有制造工程领域，尤其是机械、电子、建筑、造船、轻工等行业在 CAD 技术开发应用上有了一定规模，取得了显著的成效。我国已自行开发了大量实用的 CAD 软件，国内计算机生产厂家已能够为 CAD 系统提供性能良好的计算机和工程工作站。少数大型企业已经建立起较完整的 CAD 系统并取得较好的效益，中小企业也开始使用 CAD 技术并初见成效；一些企业已着手建立以实现制造过程信息集成为目标的企业级 CIMS 系统，以实现系统集成、信息共享。

1.3 机械 CAD 的发展概况及发展趋势

1.3.1 机械 CAD 的发展概况

20 世纪 50～60 年代初，CAD 技术处于图形处理阶段。60 年代，科学家们提出了计算机图形学、交互技术、分层存储符号的数据结构等新思想，从而为 CAD 技术发展和应用打下了理论基础。60 年代中期，出现了许多商品化的 CAD 系统。到了 60 年代末，美国安装的 CAD 工作站已达到 200 多台，可供几百人使用。

进入 70 年代，CAD 技术投入广泛使用阶段。1970 年，美国 Application 公司推出完整的 CAD 系统，由此出现了面向中小型企业的 CAD 商品化系统；70 年代末，美国 CAD 工作站安装数量超过 1200 台，使用人数超过 2.5 万。

80 年代，CAD 进入突飞猛进的发展时期，图形系统和 CAD 工作站的销售量与日俱增，CAD 技术从大中企业向小企业扩展，从发达国家向发展中国家扩展，从用于产品设计发展到用于工程设计和工艺设计。

90 年代后，CAD 技术向着开放式、标准化、集成化和智能化方向发展，CAD/CAM/CAE 技术集成已成为现代制造技术的重要标志，由此派生出：计算机集成制造系统（CIMS）、敏捷制造系统（AMS）、智能制作系统（IMS）、精良生产（LP）、并行工程（CE）、柔性制造系统（FMS）、产品数据管理（PDM）等先进制造技术。

1.3.2　机械 CAD 的发展趋势

随着各种先进设计理论和先进制造模式的发展以及计算机技术的迅速发展，CAD 技术经历着前所未有的发展机遇与挑战，正在向集成化、网络化、智能化和标准化方向发展。

（1）集成化

为了适应 CIMS 的需求，各种应用计算机辅助技术的系统已从简单、单一、相对独立的功能发展成为复杂、综合、紧密联系的功能集成的系统。集成的目的是为用户进行研究、设计、试制等各项工作提供一体化支撑环境，实现在整个产品生命周期中各个分系统间信息流的畅通和综合。集成涉及功能集成、信息集成、过程集成与动态联盟中的企业集成。为提高 CAD 系统集成的水平，处于产品生命周期中信息链源头的 CAD 技术需要在数字化建模、产品数据管理、产品数据交换及各种 CAX（CAD、CAE、CAM 等计算机辅助技术的总称）工具的开发与集成等方面加以提高。

（2）网络化

网络技术的飞速发展和广泛应用，改变了传统的设计模式，将产品设计及其相关过程集成并行地进行，人们可以突破地域的限制，在广域区间和全球范围内实现协同工作和资源共享。网络技术使 CAD 系统实现异地、异构系统在企业间的集成成为现实。网络化 CAD 技术可以实现资源的取长补短和优化配置，极大地提高了企业的快速响应能力和市场竞争力，"虚拟企业""全球制造"等先进制造模式由此应运而生。目前基于网络化的 CAD 技术，需要在能够提供基于网络的完善的协同设计环境和提供网上多种 CAD 应用服务等方面提高水平。

（3）智能化

设计是含有高度智能的人类创造性活动。智能化 CAD 技术不仅是简单地将现有的人工智能技术与 CAD 技术相结合，更要深入研究人类认识和思维的模型，并用信息技术来表达和模拟这种模型。智能化 CAD 技术涉及新的设计理论与方法（如并行设计理论、大规模定制设计理论、概念设计理论、创新设计理论等）和设计型专家系统的基本理论与技术（如设计知识模型的表示与建模、知识利用中的各种搜索与推理方法、知识获取、工具系统的技术……）等方面。智能化是 CAD 技术发展的必然趋势，将对信息科学的发展产生深刻的影响。

（4）标准化

随着 CAD 技术的发展和应用，工业标准化问题越来越显得重要。目前已制订了一系列相关标准，如面向图形设备的标准计算机图形接口（CGI）、面向图形应用软件的标准 GKS 和 PHIGS、面向不同 CAD 系统的产品数据交换标准 IGES 和 STEP，此外还有窗口标准等。随着技术的进步，新标准还会出现。这些标准规范了 CAD 技术的应用与发展，更为重要的是有些标准还指明了进一步发展的道路，如 STEP 既是标准，又是方法学，由此构成的 STEP 技术深刻影响着产品建模、数据管理及接口技术。CAD 系统的集成一般建立在异构的工作平台之上，为了支持异构跨平台的环境，要求 CAD 系统必须是开放的系统，必须采用标准化技术。完善的标准化体系是我国 CAD 软件开发及技术应用与世界接轨的必由之路。

未来的 CAD 技术将为新产品开发提供一个综合性的网络环境支持系统，全面支持异地的、数字化的、采用不同设计哲理与方法的并行设计工作。

思考与练习

1. 什么是计算机辅助技术 CAD？AutoCAD 是哪个公司的产品？
2. 我国 CAD 技术始于哪一年？目前应用状况如何？
3. 机械 CAD 今后发展趋势主要表现在哪些方面？

 技能与素养

---

1. 中国现在机械发展历程

自从新中国成立以后，中国进入到了现代机械发展时期。近些年，可以说中国在机械领域是一个飞跃的发展，我国科学技术在这一时期里整体提高。主要趋向发展大型化、精密化、自动化、成套化以及多功能化的机械产品。在某些角度来说，我们国家已经达到或者超过了世界的水平。总的来说，就目前而言的中国在机械科学技术方面的成就是巨大的，发展速度之快、水平之高也是前所未有的。

我们中国现在注重于科技人才的培养，在以后更趋向于机械自动化、智能化的发展，通过全自动化来减少人力的需要。但这一时期还没结束，我国的机械科学技术还将向更高的水平发展，这也是为后来一些先进系统打下了坚实的基础，例如：机器人、智能结构等。只要我们中国能采取正确的方针以及用科学的发展规律并走勇于创新的路线，我国的机械行业定能振兴世界，重新引领世界机械工业的发展潮流。

2. 机械制图人才职业守则

（1）忠于职守，爱岗敬业。

（2）讲究质量，注重信誉。

（3）积极进取，团结协作。

（4）遵纪守法，讲究公德。

第2章
主流CAD软件系统介绍

2.1 AutoCAD 系统介绍

AutoCAD 是美国 Autodesk 公司的主导产品。Autodesk 公司是世界第四大 PC 软件公司。目前在 CAD/CAE/CAM 工业领域内，该公司是拥有全球用户量最多的软件供应商，也是全球规模最大的基于 PC 平台的 CAD 和动画及可视化软件企业。其操作界面如图 2-1 所示。

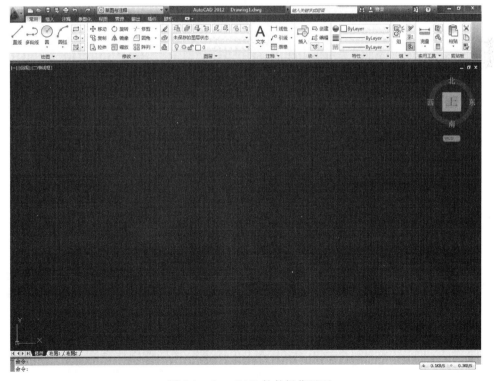

图 2-1　AutoCAD 软件操作界面

AutoCAD 自 1982 年问世以来，已经进行了几十次升级，其功能逐渐强大并日趋完善。如今，AutoCAD 已广泛应用于机械、建筑、电子、航天、造船、土木工程、农业、气象及纺织等领域。在中国，AutoCAD 已成为工程设计领域中广泛应用的计算机绘图软件之一。

1982 年 12 月，美国 Autodesk 公司推出 AutoCAD 的第一个版本—— AutoCAD 1.0。在此后的几年里，Autodesk 公司几乎每年都推出 AutoCAD 的升级版本，从而使 AutoCAD 快速完善，并赢得了广大用户的信任。

1990 年和 1992 年，Autodesk 公司分别推出 AutoCAD 11.0 版和 12.0 版，其绘图功能进一步增强。特别是在 12.0 版中，Autodesk 公司推出了 Windows 版本，该版本采用了图形用户接口（GUI）和对话框功能，提供了访问标准数据库管理系统的 ASE 模块，并提高了绘图速度。

1994 年，Autodesk 公司推出了 AutoCAD 13.0 版。新版本的命令达到了 288 个。

1997 年 6 月，Autodesk 公司推出 AutoCAD R14 版，该版本全面支持 Microsoft Windows 95/NT，不再支持 DOS 平台，它在工作界面、操作风格等方面更加符合 Microsoft Windows 95/NT 的风格，运行速度更快，而且在功能和稳定性等方面有了很大改进。从 AutoCAD R14 版开始，Autodesk 公司对 AutoCAD 的每一个新版本均同步推出对应的简体中文版，为中文版用户提供了方便。

1999 年 3 月，Autodesk 公司推出了 AutoCAD 2000 版。同 AutoCAD R14 版相比，AutoCAD 2000 版增加和改进了数百个功能，提供了多文档设计环境、设计中心及一体化绘图输出体系等。基于面向对象结构的 AutoCAD 2000 是款一体化的、功能丰富的 CAD 设计软件，它使用户真正置身于一种轻松的设计环境中，专注于所设计的对象和设计过程。

随着 Internet 的迅速发展，人们的工作和设计思维与网络的联系也越来越密切。同样，工程设计人员也希望能借助 Internet 提高工作效率与操作的灵活性。为满足此类市场需求，Autodesk 公司于 2000 年 7 月推出 AutoCAD 2000i 版。该版本在 2000 版的基础上重点加强了 Internet 功能。通过 Internet，AutoCAD 2000i 将设计者、同事、合作者以及设计信息等有机地联系起来。该版本具有多种访问 Web 站点并获取网上资源的功能，使用户能够方便地建立和维护用于发布设计内容的 Web 页，同时可以实现跨平台设计资料共享，使用户在 AutoCAD 设计环境中能够通过 Internet 提高工作效率。

2001 年 5 月，Autodesk 公司推出了 AutoCAD 2002 版。该版本精益求精，在运行速度、图形处理和网络功能等方面都达到了一个崭新的水平。

2003 年初，Autodesk 公司推出了 AutoCAD 2004 版。AutoCAD 2004 增加了许多新功能，可以帮助用户更快、更轻松地创建并共享设计数据。

2004 年，Autodesk 公司推出了 AutoCAD 2005 版。AutoCAD 2005 增加了图纸集管理器，增强了图形的打印和发布功能，增加和改进了众多绘图工具，使 AutoCAD 的使用更加便捷。

2005 年，Autodesk 公司推出了 AutoCAD 2006 版。与之前版本相比，该版本在输入方式、绘图、编辑、图案填充、尺寸标注、文字标注、块操作以及表格等方面的功能均进一步得以完善，使其操作更加合理、便捷和高效。

2006 年，Autodesk 公司推出了 AutoCAD 2007 版。该版本的三维功能有了很大提高，除增加了多段体、扫掠和放样等功能外，还提供了用于三维建模的界面、模板以及众多三维建模工具。

2007 年，Autodesk 公司推出了 AutoCAD 2008 版。该版本提高了文字与尺寸标注、表格处理、图层管理以及绘图等方面的性能。

2008 年，Autodesk 公司推出了 AutoCAD 2009 版。该版本在用户界面、使用方便性以及软件综合性能等方面均有所改进。

2009 年，Autodesk 公司推出了 AutoCAD 2010 版。该版本除在图形处理等方面的功能有所增强外，另一个最显著的特征是增加了参数化绘图功能。用户可以对图形对象建立几何约束，以保证图形对象之间的位置关系准确无误，如平行、垂直、相切、同心、对称等关系；可以建立尺寸约束，通过该约束，既可以锁定对象，使其大小保持固定，也可以通过修改尺寸值来改变所约束对象的大小。

2010 年，Autodesk 公司又推出了 AutoCAD 2011 版。新版本在三维处理、参数化绘图等方面的功能得到进一步增强，更加方便了用户的操作。

2011 年，Autodesk 公司推出 AutoCAD 2012 版。AutoCAD 2012 系列产品还新增了更多强而有力的 3D 建模工具，提升曲面和概念设计功能。

2012 年，Autodesk 公司又推出了 AutoCAD 2013 版。新增功能如下：用户交互命令行增强、点云支持（增强功能）、阵列增强功能、画布内特性预览、快速查看图形及图案填充编辑器、光栅图像及外部参照。

2013 年，Autodesk 公司又推出了 AutoCAD 2014 版，新增功能如下：社会化合作设计、支持 Windows8 以及触屏操作、实景地图，现实场景中建模、文件选项卡，方便文件间的切换。

AutoCAD 2018，该版本除了保留空间管理、图层管理、选项板的使用、图形管理、块的使用、外部参照文件的使用等优点外，还增加了很多更为人性化的设计，如 PDF 文件导入功能、合并文字功能、强化外部文件参考路径修复功能、对象选择功能，以及支持 Autodesk 移动应用程序进行查看、编辑共享等功能。

2.2　Pro/Engineer 系统介绍

Pro/ENGINEER 是美国科技参数公司 PTC（Parameters Technology Corporation）推出的产品。其操作界面如图 2-2 所示。

1985 年，PTC 公司成立于美国波士顿，开始参数化建模软件的研究。1988 年 PTC 公司推出第一代产品 Pro/ENGINEER 2000，此后又推出 2000i、2001。

2002 年，PTC 公司推出有世界影响力第二代产品——野火版 Pro/ENGINEER Wildfire，随后分别推出 Wildfire 2.0、Wildfire 3.0、Wildfire 4.0 等版本，2009 年 07 月又推出 Pro/ENGINEER Wildfire 5.0 版本，这是 Pro/ENGINEER Wildfire 系列的终极版。

PTC 公司推出的第三代产品是 Creo 系列软件。2010 年 10 月由 PTC 公司推出全新 CAD 设计软件包 Creo1.0，它是整合了 PTC 公司三个软件 Pro/Engineer 的参数化技术、CoCreate 的直接建模技术和 ProductView 的三维可视化技术的新型 CAD 设计软件包。之后，PTC 公司推出了 Creo 2.0、Creo 3.0、Creo 4.0、Creo 5.0。

PTC 公司始终在不断发展和完善 Pro/ENGINEER，使其成为一个集零件设计、产品装配、模具开发、NC 加工、钣金件设计、铸造件设计、造型设计、逆向工程、自动测量、机构模拟、压力分析、产品数据管理等功能于一体，广泛应用于电子、机械、模具、工业设计、汽车、航空航天、家电、玩具等行业的一个全方位的 3D 产品开发软件，成为世界上最

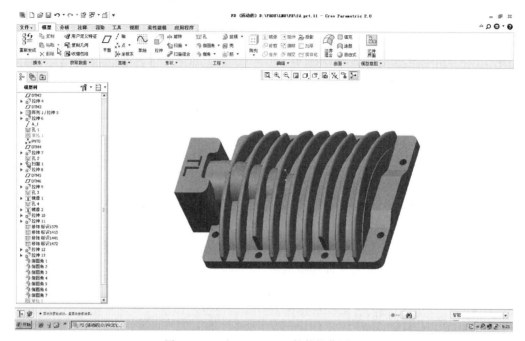

图 2-2　Pro/ENGINEER 软件操作界面

为普及的 CAD/CAM/CAE 软件之一。

2.3　Unigraphics 系统介绍

　　UG 是 Unigraphics Solutions 公司的拳头产品。该公司首次突破传统 CAD 模式，为用户提供一个全面的产品建模系统。1976 年麦道公司收购了 UGS 公司，并致力于对其产品的不断完善，UG 软件雏形问世。其操作界面如图 2-3 所示。

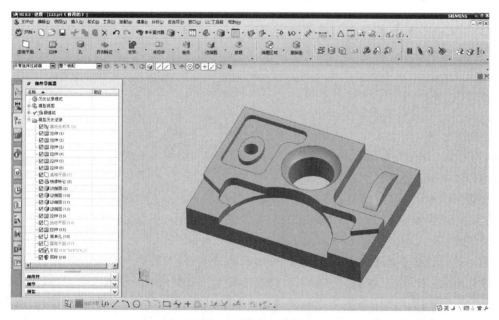

图 2-3　UG 软件操作界面

2001 年，UGS 公司并入美国 EDS 公司，并于 2001 年 6 月推出 UG NX1.0；2003 年，推出了 UG NX2.0；2004 年，推出 UG NX3.0；2005 年，推出了具有里程碑式的 UG NX4.0；2007 年 04 月，又推出 NX5.0。

2006 年，德国 SIEMENS 公司收购 UGS 公司，并于 2008 年 6 月，SIEMENS 公司推出了 NX6.0；2009 年 10 月，推出 NX 7.0；2010 年 10 月，推出 NX 7.5；2011 年 4 月推出版本 NX8.0；2012 年 11 月 8 日，发布 NX8.5；2013 年 10 月 14 日，发布 NX9.0 软件，之后又推出 NX10.0、NX11.0、NX12.0 版本。

UG 软件集 CAD/CAM/CAE 于一体，模块多、功能强，可以轻松实现工业设计、虚拟装配、辅助制造与工业分析等方面的工业设计。广泛应用在航空航天、汽车制造等领域，是目前国内外公认为世界一流、应用最为广泛的大型多功能的软件之一。

2.4　CATIA 系统介绍

CATIA（Computer Aided Tri-Dimensional Interface Application）是法国 Dassault System 公司旗下的 CAD/CAM/CAE 一体化软件，Dassault System 成立于 1981 年。在 20 世纪 70 年代，Dassault Aviation 成为此软件的第一个用户，它是世界著名的航空航天企业，其产品以幻影 2000 和阵风战斗机最为著名。其操作界面如图 2-4 所示。

图 2-4　CATIA 软件操作界面

1982～1988 年，CATIA 相继发布了 V1 版本、V2 版本和 V3 版本，并于 1993 年发布了功能强大的 V4 版本，CATIA 软件分为 V4 版本和 V5 版本两个系列。V4 版本应用于 UNIX 平台，V5 版本应用于 UNIX 和 Windows 两种平台。

CATIA 在 CAD/CAM/CAE 以及 PDM 领域内的领导地位，已得到世界范围内的广泛认可。CATIA 已广泛应用于航空航天、汽车制造、造船、机械制造、电子电器和消费品行业，它的集成解决方案覆盖了所有的产品设计与制造领域，其特有的 DMU 电子样机模块功能以及混合建模技术更是直接推动企业竞争力和生产力的提高。

CATIA 提供的解决方案，可以满足所有工业领域的大、中、小型企业的需要。包括从大型的波音 747 飞机、火箭发动机到化妆品的包装盒，几乎涵盖了所有的制造业产品。CATIA 源于航空航天业，但其强大的功能已得到各行业的认可，在欧洲汽车业已成为事实上的标准。CATIA 比较广泛地用于汽车、航空航天、轮船、军工、仪器仪表、建筑工程、电气管道、通信等方方面面。最大的客户有通用（同时使用 UG）、波音麦道、空客、福特、大众、戴克、宝马、沃尔沃、标致雪铁龙、丰田、本田、雷诺、达索飞机、菲亚特、三菱汽车、西门子、博世、现代和起亚。使用 CATIA 的中国公司有上汽、一汽、东风等大公司。欧盟及其成员国军方和美国军方都是 CATIA 的忠实用户。其用户群体在世界制造业中具有举足轻重的地位。波音飞机公司使用 CATIA 完成了整个波音 777 的电子装配，创造了业界的一个奇迹，从而也确定了 CATIA 在 CAD/CAM/CAE 行业内的领先地位。

CATIA V5 版本的开发始于 1994 年，CATIA V5 版本是 IBM 和达索系统公司长期以来在为数字化企业服务过程中不断探索的结晶。CATIA V5 版本主要围绕数字化产品和电子商务集成概念进行系统结构的设计，可为数字化企业建立一个针对产品整个开发过程的工作环境。在这个环境中，可以对产品开发过程的各个方面进行仿真，并能够实现工程人员和非工程人员之间的电子通信。产品整个开发过程包括概念设计、详细设计、工程分析、成品定义和制造乃至成品在整个生命周期中的使用和维护。

2.5 SolidWorks 系统介绍

SolidWorks 公司成立于 1993 年，由 PTC 公司的技术副总裁与 CV 公司的副总裁发起，总部设在美国马萨诸塞州康科德城，当初所赋予软件的任务是希望在每一个工程师的桌面上提供一套具有生产力的实体模型设计系统。1997 年被总部位于法国 Suresnes 的 Dassault Systemes S. A.（法国达索系统）收购，成为达索众多子公司中最为出众的一家子公司。达索公司提供涵盖整个产品生命周期的系统，包括设计、工程、制造和产品数据管理等各个领域中的最佳软件系统，著名的 CATIA 就出自该公司，目前达索的 CAD 产品市场占有率居世界前列。SolidWorks 软件操作界面如图 2-5 所示。

从 1995 年推出第一套 SolidWorks 三维机械设计软件至今，良好的财务状况和用户支持使得 SolidWorks 每年都有数十项至数百项的技术创新，公司也获得了很多荣誉。

SolidWorks 在各行业的应用十分广泛，主要有机械、医疗、汽车、模具、消费品、电子、航空航天、重型设备和建筑等。在教育界，SolidWorks 同样也被广泛应用于教学和研究。在美国，包括麻省理工学院（MIT）、斯坦福大学等在内的著名大学都已经把 Solid-Works 列为制造专业的必修课。国内的一些大学和教育机构也在应用 SolidWorks 进行教学。相信在未来不长时间内，SolidWorks 将会与的 AutoCAD 一样，成为 3D 普及型主流软件乃至于 CAD 的行业标准。

SolidWorks 公司为企业提供并非单一的三维 CAD 系统，而是从产品开发到产品数据管理和产品数据发布等一系列完整的 CAD/CAE/PDM 解决方案。SolidWorks 公司的产品主要

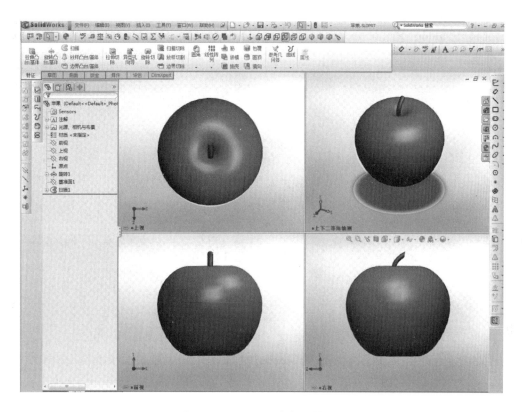

图 2-5　SolidWorks 软件操作界面

包括三维 CAD 工具、二维设计工具、产品的设计验证和分析仿真工具、产品的数据管理工具，以及产品数据发布工具等。

与其他流行的三维 CAD 软件相比，SolidWorks 以功能强大、技术创新、易学易用、价格适中而成为设计行业主流的三维 CAD 软件。功能强大是指 SolidWorks 已经能够满足一般企业的需求，可以很好地解决产品设计中的实际问题；技术创新是指 SolidWorks 是全球第一个 Windows 原创实体建模系统，拥有 27 项全球领先的创新技术，推出的新版本中 90%以上新增功能都来自于用户的建议；易学易用是指 SolidWorks 是操作环境完全汉化的国际知名 CAD 系统，亲切友好的 Windows 界面、动态反馈提示使大多数人可以在较短的时间内掌握软件的应用，有效避免了在学习过程中半途而废，也避免了人才流动所造成的软件系统瘫痪的尴尬局面；价格适中是指 SolidWorks 具有优秀的性能价格比。与高端三维 CAD 软件相比，SolidWorks 运行时对计算机硬件的要求较低，也是 SolidWorks 有望得到推广的重要因素之一。

2.6　CAXA 系统介绍

CAXA（Computer Aided X Alliance - Always a step Ahead 的缩写），其含义是"领先一步的计算机辅助技术和服务"。CAXA 是北航和海尔联合开发的软件，是国产自主品牌的 CAD 软件。其操作界面如图 2-6 所示。

CAXA 软件集成度不高，产品系列较多且分散，概括起来主要有以下几个方面。

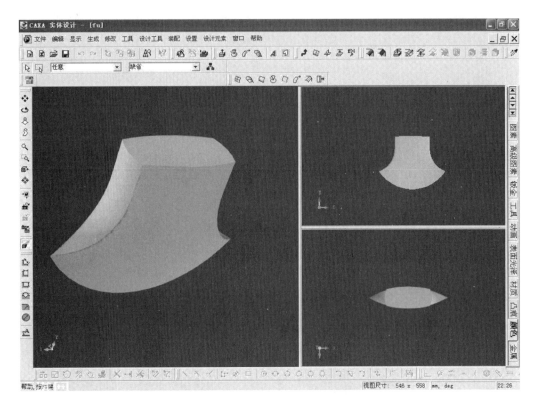

图 2-6　CAXA 软件操作界面

（1）CAXA 设计类软件

① 二维设计软件：CAXA 电子图版，该软件是我国自主知识产权软件的杰出代表。以其优异的性能、合理的价格、周到的服务得到广大企业用户和设计人员的广泛好评。

② 三维设计软件：CAXA 实体设计，专注于产品创新工程，为用户提供三维创新设计的 CAD 平台，支持各种功能设计、总体设计、分析仿真等应用需求。

（2）CAXA 工艺类软件

① CAXA 工艺图表：是高效快捷的工艺卡片编制软件，它可以方便地引用设计的图形和数据，同时为生产制造准备各种需求的管理信息。

② CAXA 工艺汇总表：它是一套专门对电子化的设计数据和工艺数据进行汇总，并生成各种产品明细表和管理用工艺表格的软件系统。

（3）CAXA 制造类软件

① CAXA 制造工程师：它是面向 2～5 轴的数控铣床与加工中心机床，具有卓越性能的铣、钻削加工数控编程软件，是 CAXA 制造解决方案的重要构件之一，具有精、稳、易、快四大特点。

② CAXA 线切割、数控车：线切割是一个面向线切割机床的软件系统，可以为各种线切割机床提供快速、高效率、高品质的数控编程代码；数控车具有 CAD 软件的强大功能和完善的外部数据接口，可以绘制任意复杂的图形，可以通过 DXF/IGES 等数据接口与其他系统交换数据。数控车具有功能强大、使用简单的轨迹生成手段，可按照加工要求生成价格轨迹与 NC 代码，并可以对生成的代码进行校验与加工仿真。

（4）CAXA 管理类软件

CAXA 图文档管理：是面向研发和制造型企业或部门的电子文档管理解决方案。它以产品为核心，组织和管理设计、工艺和生产过程中生产的大量电子文档，解决文档的共享、查阅、安全控制及版本管理问题。

思考与练习

1. 简要介绍 AutoCAD 软件系统及其发展历程。
2. CAXA 软件具有什么含义？该软件是如何分类的？
3. 分别介绍一下 Unigraphics、Pro/Engineer、CATIA 和 SolidWorks 软件。

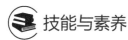 技能与素养

---

1. CAD 软件改变了绘图

在 AutoCAD 等绘图软件出现之前，工程图纸是用绘图板在纸上绘制的。完成一个给定的图纸需要很多设备，例如画板、不同等级的铅笔、橡皮、设置方块等。工程师和工具制造商在绘图工具和铅笔的帮助下把所有的东西都画在纸上。设计和把所有的东西都写在纸上是一项艰巨的工作，基于纸的设计的主要缺点是，你不能在它被放在纸上之后改变它。所以如果设计改变了，那就开始重新设计草图。AutoCAD 等软件出现之后，绘图方便很多。AutoCAD 和所有的软件都只是工具，节省了我们的时间，提供了一些更准确的设计。

2. 制图人才职业道德素养

在工程实践中，工程图样的绘制直接影响了所作工程的质量。虽然 CAD 软件在规范性和工作效率上给了我们极大的提升，但是在工作中具备严谨、细致、认真的工匠精神，才能够保证我们所绘制的图纸符合国家标准和相应的设计规范。

（1）新时代的制图人才，需要及时更新信息，突破自身的局限性，了解当前行业发展的动态，善于利用互联网等平台查阅相关国家标准和设计技术规范。

（2）在实践中注重培养自身一丝不苟的敬业精神，精益求精的工匠精神，与团队精诚协作，开拓思维，形成较好的综合职业素养，提升专业综合能力。

（3）作为绘图人才，需要具备家国情怀，为提高我国的科技水平、为实现中华民族的伟大复兴，贡献出自己的力量。

第3章

AutoCAD绘图技术

3.1 机械工程 CAD 制图规则（GB/T 14665）

（1）范围

机械工程 CAD 制图规则标准 GB/T 14665 规定了机械工程中用计算机辅助设计（以下简称 CAD）时的制图规则。

机械工程 CAD 制图规则标准 GB/T 14665 适用于在计算机及其外围设备中进行显示、绘制、打印的机械工程图样及有关技术文件。

机械工程 CAD 制图规则标准 GB/T 14665 是 GB/T 18229 在机械 CAD 制图中的补充。

（2）机械工程 CAD 制图规则规范性引用文件

下列文件对于本规则文件的应用是必不可少的。凡是注日期的引用文件，仅注日期的版本适用于本文件。凡是不注日期的引用文件，其最新版本（包括所有的修改单）适用于本文件

GB/T 4457.4 机械制图 图样画法 图线

GB/T 4458.4 机械制图 尺寸注法

GB/T 15834 标点符号用法

GB/T 17450 技术制图 图线

GB/T 18229 CAD 工程制图规则

（3）基本原则

① 凡在计算机及其外围设备中绘制机械工程图样时，如涉及本标准中未规定的内容，应符合有关标准和规定。

② 在机械工程制图中用 CAD 绘制的机械工程图样，首先应考虑表达准确，看图方便。在完整、清晰、准确地表达机件各部分形状的前提下，力求制图简便。

③ 用 CAD 绘制机械图样时，尽量采用 CAD 新技术。

（4）图线

在机械工程的 CAD 制图中，所用图线，除按照以下的规定外，还应遵守 GB/T 17450 和

GB/T 4457.4 中的规定。

① 图线组别。

为了便于机械工程的 CAD 制图需要，将 GB/T 4457.4 中所规定的线型分为 5 组，见表 3-1。

表 3-1　线型组别

组别	1	2	3	4	5	一般用途
线宽/mm	2.0	1.4	1.0	0.7	0.5	粗实线、粗点画线、粗虚线
	1.0	0.7	0.5	0.35	0.25	细实线、波浪线、双折线、细虚线、细点画线、双点画线

② 重合图线的优先顺序。

当两个以上不同类型的图线重合时，应遵守以下的优先顺序：

(a) 可见轮廓线和棱线（粗实线）；

(b) 不可见轮廓线和棱线（细虚线）；

(c) 剖切线（细点画线）；

(d) 轴线和对称中心线（细点画线）；

(e) 假想轮廓线（细双点画线）；

(f) 尺寸界线和分界线（细实线）。

③ 非连续线的画法。

图线应尽量相交在画上。绘制圆时，应画出圆心符号，图线在接触与连接或转弯时应尽可能在画上相连。

④ 图线颜色。

屏幕上显示图线，一般应按表 3-2 中提供的颜色显示，并要求相同类型的图线应采用同样的颜色。

表 3-2　图线颜色

图 线 类 型			
粗实线	————	A	白色
细实线	————	B	绿色
波浪线	～～～	C	
双折线	～／～	D	
细虚线	– – – –	F	黄色
细点画线	—·—·—	G	红色
粗点画线	━·━·━	I	棕色
双点画线	—··—··—	K	粉红色

(5) 字体

机械工程的 CAD 制图所使用的字体，应做到字体端正、笔画清楚，排列整齐、间隔均匀。

① 数字。

一般应以正体输出。

② 小数点。

小数点进行输出时，应占一个字位，并位于中间靠下处。

③ 字母。

除表示变量外，一般应以正体输出。

④ 汉字。

汉字在输出时一般采用正体，并采用国家正式公布和推行的简化字。

⑤ 标点符号。

标点符号应按 GB/T 15834 的规定正确使用，除省略号和破折号为两个字位外，其余均为一个符号一个字位。

⑥ 字体与图纸幅面之间的选用关系，参见表 3-3。

表 3-3　字体与图纸幅面

字符类别	图　　幅				
	A0	A1	A2	A3	A4
	字体高度 h				
字母与数字	5			3.5	
汉字	7			5	

注：h＝汉字、字母和数字的高度。

⑦ 字体的最小字（词）距、行距以及间隔线或基准线与书写字体的最小距离见表 3-4。

表 3-4　最小距离

字　　体	最　小　距　离	
汉字	字距	1.5
	行距	2
	间隔线或基准线与汉字的间距	1
字母与数字	字符	0.5
	词距	1.5
	行距	1
	间隔线或基准线与字母、数字的间距	1

注：当汉字与字母、数字混合使用时，字体的最小字距、行距等应根据汉字的规定使用。

(6) 尺寸线的终端形式

机械工程的 CAD 制图中所使用的尺寸线的终端形式（箭头）有如下几种供选用，其具体尺寸比例一般参照 GB 4458.4 中的有关规定，样式如图 3-1 所示。

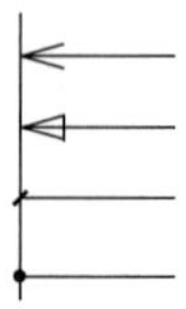

图 3-1　尺寸线的终端形式（一）

① 在图样中一般按实心箭头、开口箭头、空心箭头、斜线的顺序选用。

② 当尺寸线的终端采用斜线时，尺寸线与尺寸界线必须互相垂直。

③ 同一张图样中一般只采用一种尺寸线终端的形式。当采用箭头位置不够时，允许用圆点或斜线代替箭头，标注样式如图 3-2 所示。

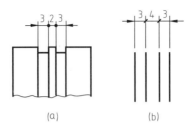

图 3-2　尺寸线终端的形式（二）

(7) 图形符号的表示

在机械工程的 CAD 制图中，所用到的图形符号，应严格遵守有关标准或规定的要求。

① 第一角画法和第三角画法的识别图形符号表示，见表 3-5。

表 3-5　识别图形符号

图形符号	说　明
	第一角画法的图形符号表示
	第三角画法的图形符号表示

② 圆心符号用细实线绘制，其长短一般在 12d 左右选用（d 为细实线宽度），样式如图 3-3 所示。

图 3-3　圆心符号

(8) 图样中各种线型在计算机中的分层

图样中的各种线型在计算机中的分层标识可参照表 3-6 的要求。

表 3-6　分层标识

标识号	描　述	图　例
01	粗实线剖切面的粗剖切线	
02	细实线 细波浪线 细折断线	
03	粗虚线	
04	细虚线	
05	细点画线 剖切面的剖切线	
06	粗点画线	

标识号	描　述	图　例
07	细双点画线	—— · · —— · · —— · · ——
08	尺寸线,投影连线,尺寸终端与符号细实线	
09	参考圆,包括引出线和终端(如箭头)	
10	剖面符号	///////
11	文本(细实线)	
12	文本(粗实线)	
13、14、15	用户选用	

3.2　图形单位及图形界限的设置

3.2.1　确定绘图单位

利用"Units"命令或在下拉菜单"格式"中选择"图形单位"选项进行重新设置,激活命令后将出现"图形单位"对话框,利用它可进行单位制设置。操作界面如图 3-4、图 3-5 所示。

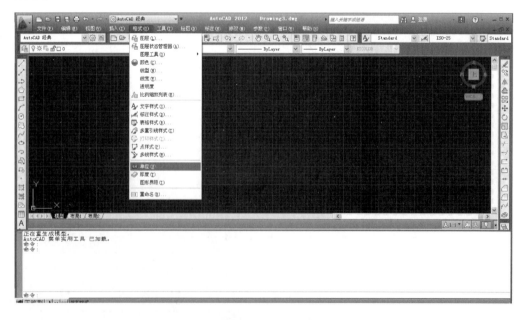

图 3-4　"图形单位"对话框(一)

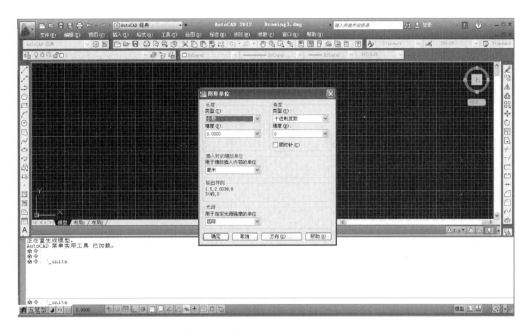

图 3-5　"图形单位"对话框（二）

3.2.2　确定图幅（图纸大小）

(1) 图形界限

在下拉菜单"格式"中选择"图形界限"，或者直接在命令行输入"Limits"命令，操作界面如图 3-6 所示。

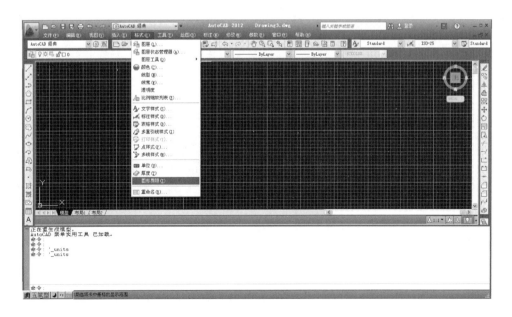

图 3-6　"图形界限"对话框（一）

AutoCAD 在命令行提示：

指定左下角点＜0.0000，0.0000＞：（直接回车或在此处输入绘图极限的左下角点的坐标），操作界面如图 3-7 所示。

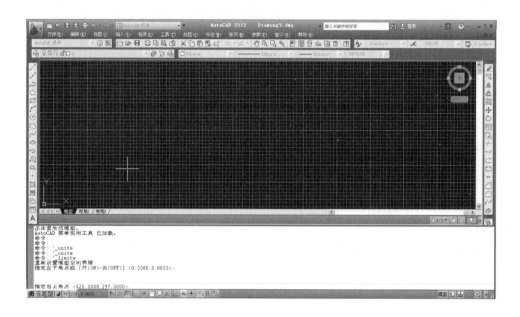

图 3-7 "图形界限"对话框（二）

指定右上角点＜420.0000，297.0000＞：（在此处输入绘图极限的右上角点的坐标）。420，297，回车，但绘图区不显示图幅大小。操作界面如图 3-8 所示。

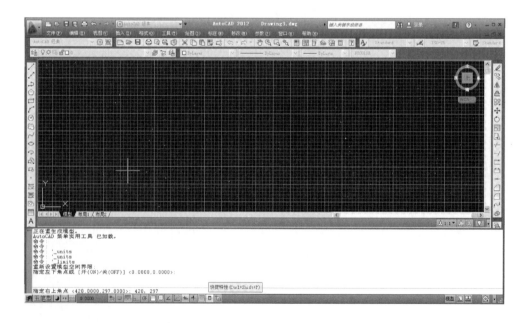

图 3-8 "图形界限"对话框（三）

（2）绘制外层细实线框

增设细实线层。单击图层管理器，操作界面如图 3-9 所示。

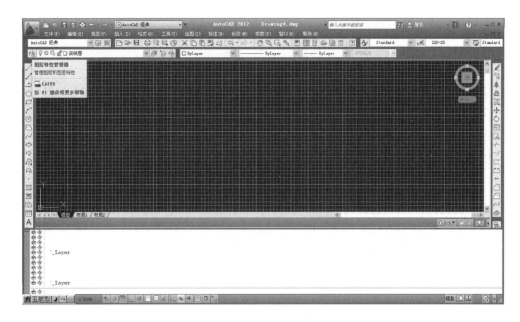

图 3-9　"图层管理器"对话框（一）

新增图层，名称改为实线层，并将该层设为当前，单击左上角关闭按钮，操作界面如图 3-10 所示。

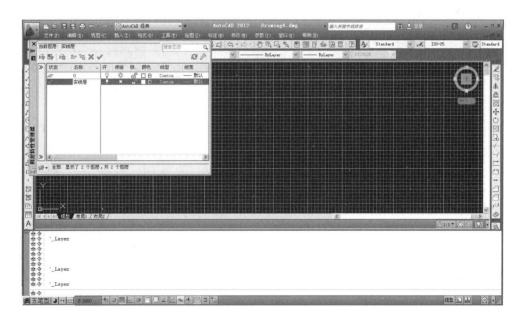

图 3-10　"图层管理器"对话框（二）

调用"画矩形"命令，从工具条中单击"矩形"图标，或从下拉菜单选取"绘图""矩形（R）"或从命令行键入 REC，操作界面如图 3-11 所示。

　　指定第一个角点或［倒角(C)/标高(E)/圆角(F)/厚度(T)/宽度(W)］:（指定对角线一个端点）0，0，回车，操作界面如图 3-12 所示。

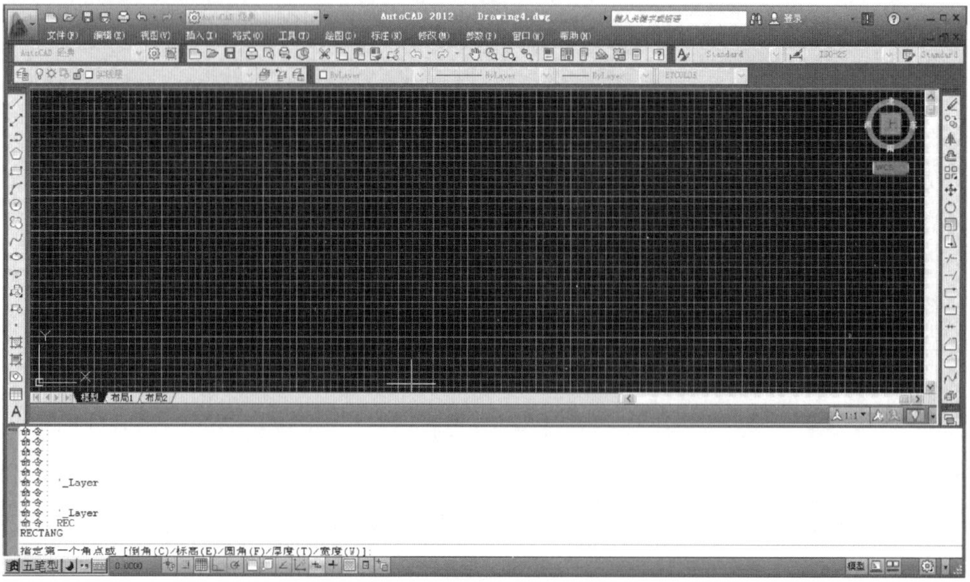

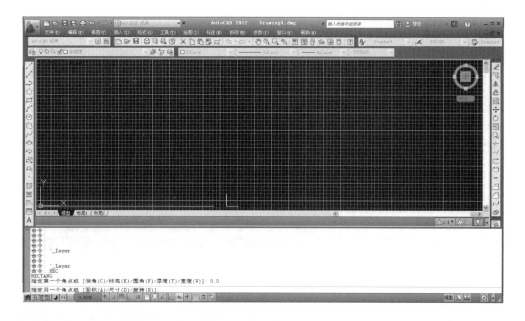

图 3-11　"画矩形"命令

图 3-12　指定角点

　　指定另一个角点或［尺寸（D)］:（指定对角线另一个端点）420，297 ↙，操作界面如图 3-13 所示。

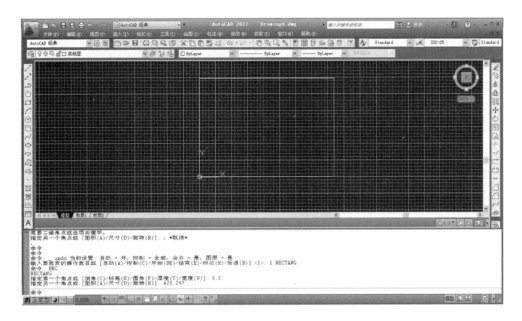

图 3-13　完成的矩形

(3) 绘制内层粗实线框

增设粗实线层。单击图层管理器，操作界面如图 3-14 所示。

图 3-14　"图层管理器"对话框（三）

新增图层，名称改为粗实线层，并将该层设为当前，单击左上角关闭按钮，操作界面如图 3-15 所示。

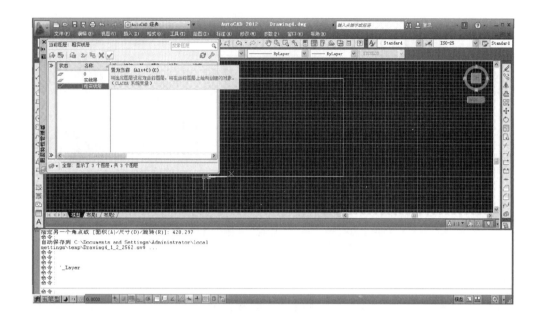

图 3-15 "图层管理器"对话框（四）

调用"画矩形"命令，从工具条中单击"矩形"图标，或从下拉菜单选取"绘图""矩形（R)"或从命令行键入 REC，操作界面如图 3-16 所示。

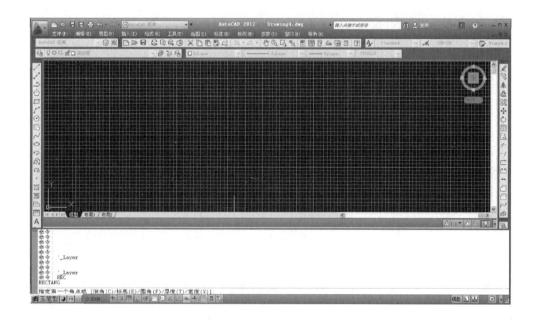

图 3-16 矩形命令操作界面（一）

指定第一个角点或 [倒角(C)/标高(E)/圆角(F)/厚度(T)/宽度(W)]：(指定对角线一个

端点）5，5 ✓，操作界面如图 3-17 所示。

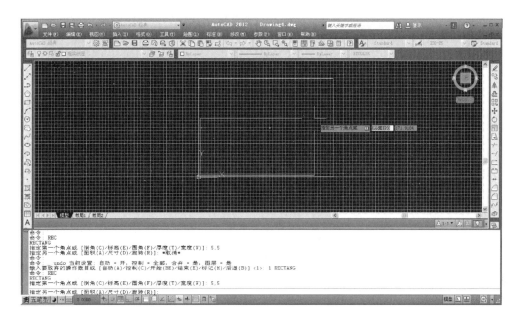

图 3-17　矩形命令操作界面（二）

指定另一个角点或［尺寸（D）］:（指定对角线另一个端点）420，297 ✓，操作界面如图 3-18 所示。

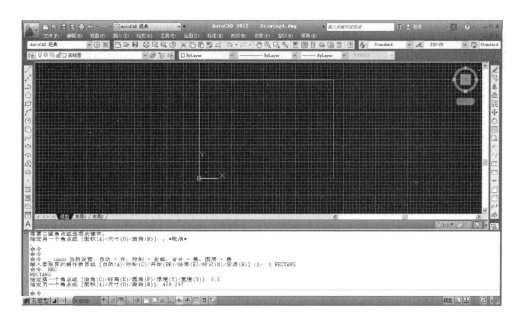

图 3-18　矩形命令操作界面（三）

指定另一个角点或［尺寸（D）］:（指定对角线另一个端点）415，292 ✓（比 420，297 得各减 5），操作界面如图 3-19 所示。

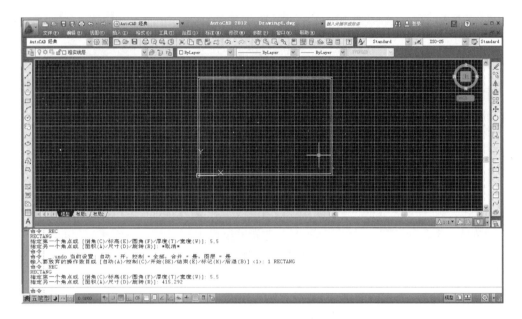

图 3-19　矩形命令操作界面（四）

（4）图形全屏显示

为了将制作的图形全屏显示，需要按以下步骤进行。

在命令行中输入"Zoom"命令，操作界面如图 3-20 所示。

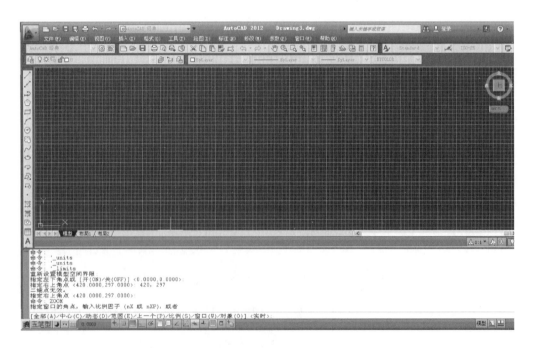

图 3-20　图形全屏显示（一）

选择"全部（A）"选项，以使所示图幅在窗口内全屏显示。操作界面如图 3-21 所示。

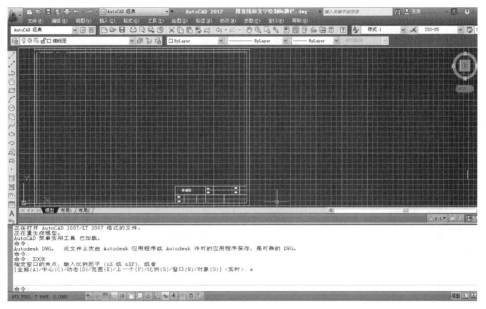

图 3-21　图形全屏显示（二）

3.3　图层的创建、管理及使用

同一图形中有大量的层时，可以根据层的特征或特性对层进行查找，将具有某种共同特点的层过滤出来。过滤的途径分为通过状态过滤、用层名过滤、用颜色和线型过滤。过滤功能的设置是通过图层过滤器特性对话框（Set Layer Filters）来实现的。

图层

图层特性管理器可以添加、删除和重命名图层，更改图层特性。可控制将在列表中显示的图层，也可以用于同时更改多个图层。

图层特性管理器操作步骤如下

（1）打开图层特性管理器

① 执行"格式，图层"菜单命令，快捷键 Alt＋O＋L，或者在命令行中输入：LAYER。操作界面如图 3-22 所示。

② 弹出"图层特性管理器"对话框。操作界面如图 3-23 所示。

（2）"图层特性管理器"参数说明

新建特性过滤器：显示"图层过滤器特性"对话框，从中可以根据图层的一个或多个特性，创建图层过滤器。操作界面如图 3-24 所示。

新建组过滤器：创建图层过滤器，其中包含选择并添加到该过滤器的图层。

图层状态管理器：显示【图层状态管理器】对话框，从中可以将图层的当前特性设置保存到一个命名图层状态中，以后可以再恢复这些设置。

新建图层：创建新图层。

在所有视口中都被冻结的新图层视口：创建新图层，然后在所有现有布局视口中将其冻结。

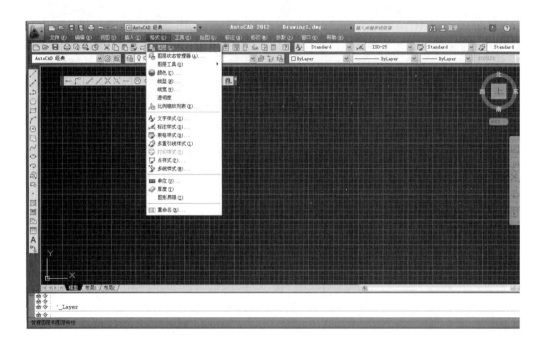

图 3-22 "格式，图层"对话框

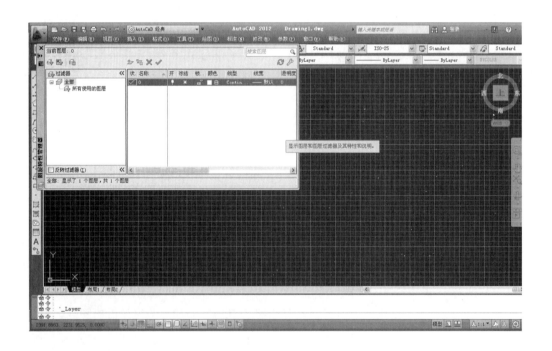

图 3-23 "图层特性管理器"对话框

删除图层 ✘：将选定图层标记为要删除的图层。单击 确定 时，将删除这些图层。

图 3-24　"图层过滤器特性"对话框

置为当前 ✔：将选定图层设置为当前图层。状态行显示当前过滤器的名称、列表视图中显示的图层数和图形中的图层数。

图层过滤器：单击左上角展开图层过滤器树按钮，操作界面如图 3-25 所示。

图 3-25　"图层过滤器树"对话框

可见图层过滤器：操作界面如图 3-26 所示。

反转过滤器：显示所有不满足选定图层特性过滤器中条件的图层。

(3) 重命名

单击选定的过滤器名称，即可重命名选定过滤器。输入新的名称。操作界面如图 3-27 所示。

图 3-26 "图层过滤器"对话框

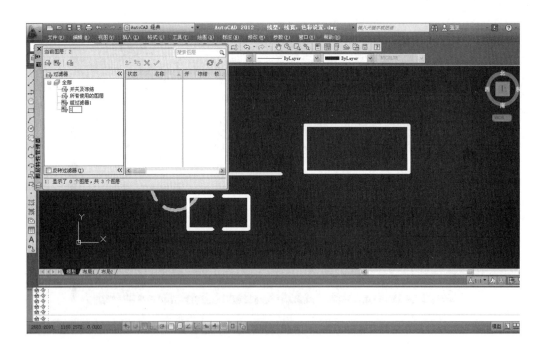

图 3-27 "重命名过滤器"对话框

(4) 删除

删除选定的图层过滤器。无法删除"全部"过滤器、"所有使用的图层"过滤器或"外部参照"过滤器。该选项将删除图层过滤器,而不是过滤器中的图层。

3.4　基本标注样式的设置与使用

在应用 AutoCAD 机械制图时，常常需要标注尺寸，尺寸标注的样式也是有讲究的，因此，需要在 AutoCAD 里进行尺寸标注样式修改，下面就 AutoCAD2012 的尺寸标注样式设置技巧进行讲解。

标注样式

(1) 新建文字样式

① 输入命令 ST，并按下空格键，弹出"文字样式"对话框，操作界面如图 3-28 所示。

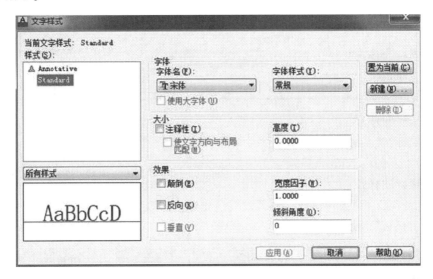

图 3-28　"文字样式"对话框

② 点击新建按钮，修改样式名字，命名为"机械"，操作界面如图 3-29 所示。

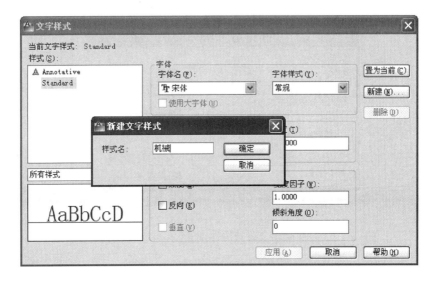

图 3-29　"新建文字样式"对话框

③ 设置如图 3-30 所示，设置完之后点击应用。

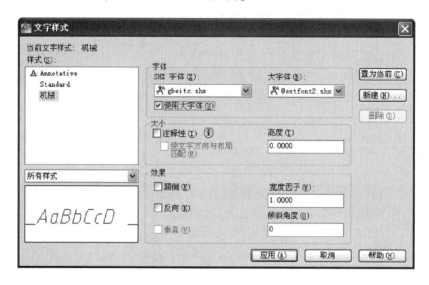

图 3-30 "文字样式"设置完成

（2）新建标注样式

① 输入命令 D，弹出对话框并进行设置，先选中 ISO-25，然后点击右边新建按钮，修改样式名为"机械"，操作界面如图 3-31 所示。

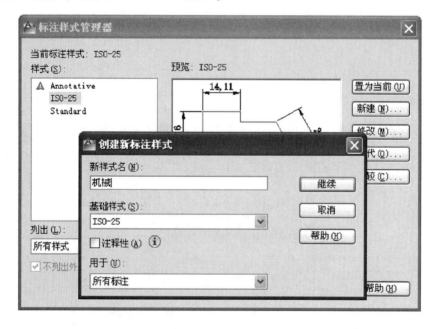

图 3-31 "创建新标注样式"对话框

② 在弹出的对话框进行标注样式的设置，具体如下。

（a）线，操作界面如图 3-32 所示。

图 3-32　"修改标注样式"对话框

(b) 符号和箭头，操作界面如图 3-33 所示。

图 3-33　"符号和箭头"选项卡

(c) 文字，操作界面如图 3-34 所示。

图 3-34 设置"文字"选项卡

(d) 调整，操作界面如图 3-35 所示。

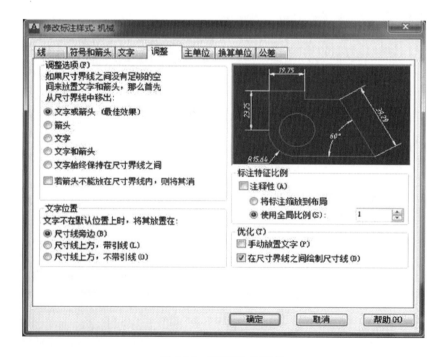

图 3-35 "调整"选项卡

（e）主单位，操作界面如图 3-36 所示。

图 3-36　"主单位"选项卡

（3）新建名为半径的子标注样式

① 在机械标注样式的基础上，新建一个名为半径的子标注样式，操作界面如图 3-37 所示。

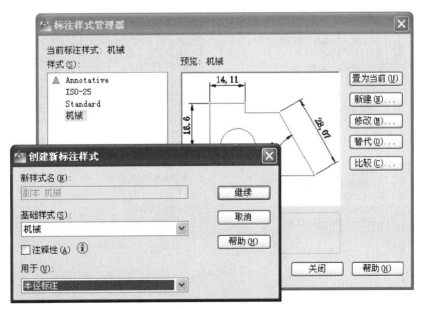

图 3-37　"创建新标注样式"对话框

② 其他设置基本没有变化，只需要修改：

（a）文字，操作界面如图 3-38 所示。

图 3-38　设置半径标注样式

（b）调整，操作界面如图 3-39 所示。

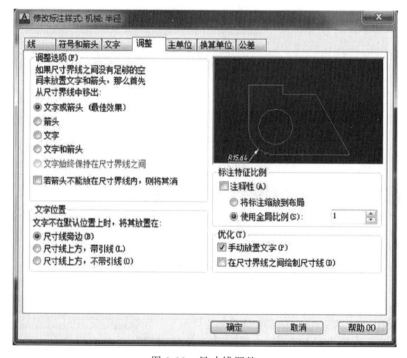

图 3-39　尺寸线调整

（4）新建名为角度的子标注样式

① 在机械标注样式的基础上新建一个名为角度的子标注样式，操作界面如图 3-40 所示。

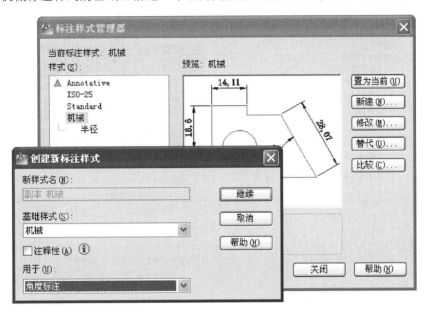

图 3-40　"创建新标注样式"对话框

② 角度标注样式的设置如下：

（a）文字，操作界面如图 3-41 所示。

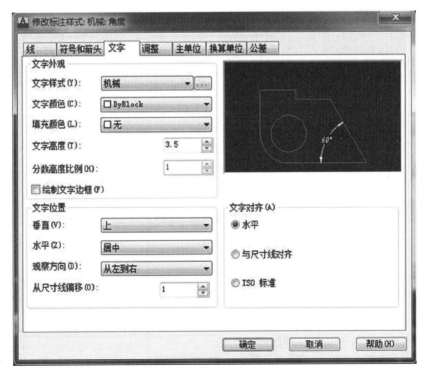

图 3-41　设置角度标注样式

（b）调整，操作界面如图 3-42 所示。

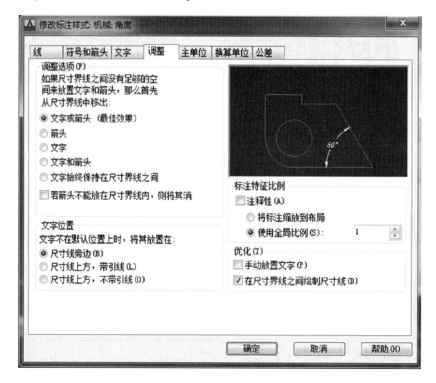

图 3-42　尺寸线调整

（5）新建引线的标注字样式

① 在机械标注样式的基础上新建一个引线的标注字样式，操作界面如图 3-43 所示。

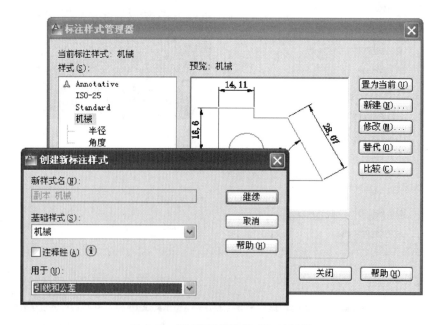

图 3-43　"创建新标注样式"对话框

② 进行设置，操作界面如图 3-44 所示。

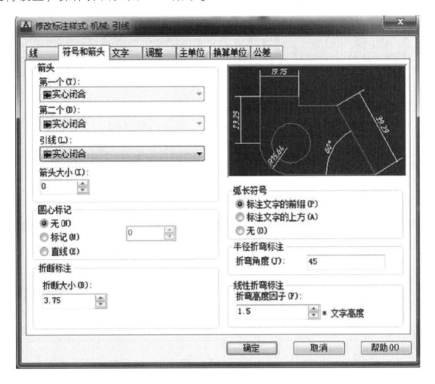

图 3-44　"符号和箭头"选项卡

(6) 新建直径标注字样式

① 在机械标注样式的基础上新建一个名为文字的标注字样式，操作界面如图 3-45 所示。

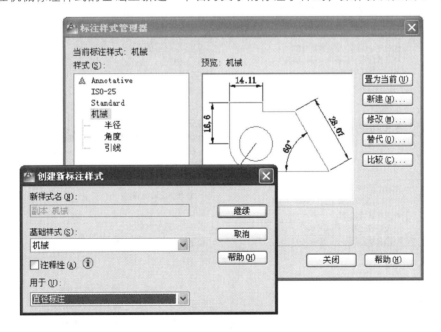

图 3-45　"创建新标注样式"对话框

② 直径标注字样式需要修改如下项目：

（a）文字，操作界面如图 3-46 所示。

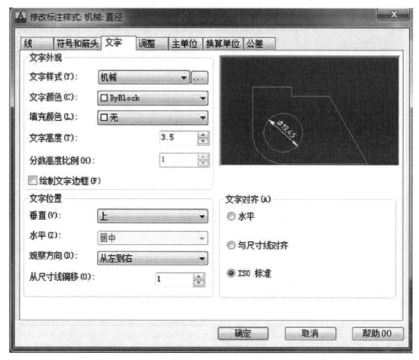

图 3-46 设置直径的标注样式

（b）调整，操作界面如图 3-47 所示。

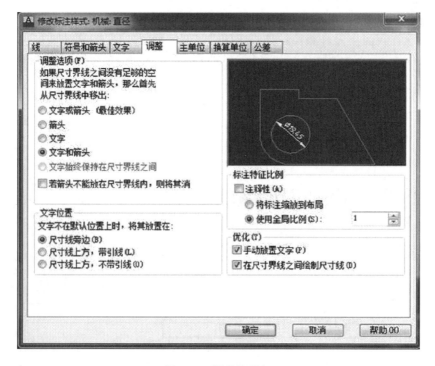

图 3-47 调整选项卡

(7) 标注样式完成

全部设置完毕，选中并置为当前即可。操作界面如图 3-48 所示。

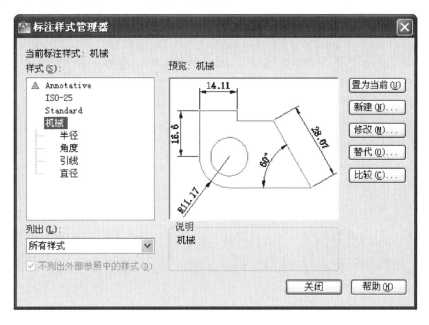

图 3-48　"标注样式管理器"对话框

思考与练习

1. Auto CAD 中，如何设置绘图环境的图形单位？
2. 如何设置图形界限？
3. 图层的设置方法有哪些？
4. 简述基本样式的设置步骤。

 技能与素养

---

1. 制图国家标准发展史

1951 年，13 项《工程制图》标准。以第一角画法为我国《工程制图》的统一规则。

1956 年，21 项《机械制图》部颁标准。

1959 年，19 项《机械制图》国家标准（第一套国标）。

1970 年，修订了 1959 年的国家标准，共 7 项，在全国试行。

1974 年，在 1970 年基础上扩充为 10 项，正式转正发布。

1983～1984 年，17 项《机械制图》国家标准。这套标准是跟踪国际标准（ISO）的，达到了当时的国际先进水平。

1993～2003 年，陆续修订 1985 年实施的《机械制图》国家标准。

目前，绝大部分已与国际标准（ISO）接轨。将国家制图标准推到国际先进水平，有利于我国机械制造装备业达到并在装备制造行业领先于国际水平。

2. 工匠精神

工匠精神，是一种职业精神，它是职业道德、职业能力、职业品质的体现，是从业者的一种职业价值取向和行为表现。"工匠精神"的基本内涵包括敬业、精益、专注、创新等方面的内容。

在学习中，学生要秉持"工匠精神"，通过学习制图标准的规定，培养自身的规则意识，养成遵守各项标准规定的习惯。在日常生活中遵守法律法规，尊重知识产权，严格遵守日常行为准则、职业规范和职业道德。在绘图和标注的过程中，注重细节，一丝不苟，做到精益求精，树立诚实守信、严谨负责的职业道德观。在练习过程中，注重细节，培养整理、整顿、清洁、清扫、安全、节约、素养的7S精神。

第4章

机械二维图与装配图绘制

绘制零件图是机械工程设计中最重要的内容之一。一般的零件图主要包括机械零件的一组视图（如三视图）、尺寸标注、公差标注、表面粗糙度标注、技术要求、标题栏等部分。本章将重点介绍机械工程中零件图的绘制方法和步骤，向读者介绍 AutoCAD 在机械设计领域中的独特魅力。

4.1 转轴零件图绘制

【案例分析】

轴类零件是五金配件中经常遇到的典型零件之一，它主要用来支承传动零部件，传递扭矩和承受载荷，按轴类零件结构形式不同，一般可分为光轴、阶梯轴和异形轴三类；它们在机器中用来支承齿轮、带轮等传动零件，以传递转矩或运动。轴类零件是旋转体零件，其长

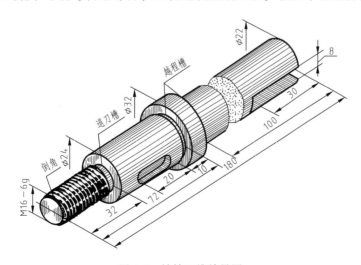

图 4-1　转轴三维效果图

度大于直径，一般由同心轴的外圆柱面、圆锥面、内孔和螺纹及相应的端面所组成。根据结构形状的不同，轴类零件可分为光轴、阶梯轴、空心轴和曲轴等。

图 4-1 为转轴的三维效果图，在绘制转轴零件图之前，请仔细观察并分析该图，以便对转轴有一个感性的认识，并有助于读者绘制转轴的零件图。

本案例零件图如图 4-2 所示，这是一个较常见的典型转轴。在本例中只绘制转轴的图形部分，暂不考虑尺寸标注与图框、标题栏。结果如图 4-2 所示。

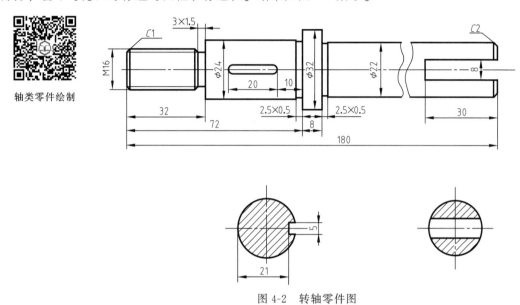

图 4-2 转轴零件图

【绘图技术分析】

(1) 视图选择

① 用一个主视图来表示轴上各个阶段阶梯长度及各种结构的轴向位置，主视图画成水平位置。

② 键槽用断面图来表示。如图 4-3 所示。

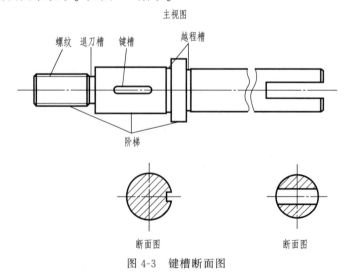

图 4-3 键槽断面图

（2）本图中的图层设置

图层名	线型	线宽	颜　色
细点画线	Center2	0.25	白色
粗实线	Continuous	0.5	白色
细实线	Continuous	0.25	白色

（3）本图可能采用的命令

图层设置	构造线	矩形	直线	倒角
圆	偏移	修剪	圆角	图案填充
移动	缩放	样条曲线	拉长	镜像

【操作步骤提示】

步骤 1　设置图层

使用"图层特性管理器"命令，设置本图中所需线型。其中细点画线图层需加载"Center2"线型，线宽除粗实线为 0.3mm，其余线型设置为 0.15mm。各图层颜色及其他特性均可使用默认设置。如图 4-4 所示。

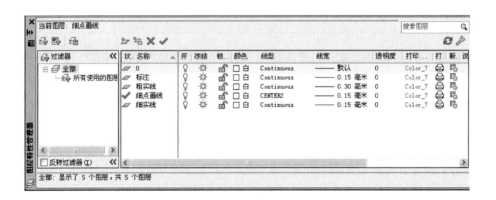

图 4-4　"图层特性管理器"对话框

步骤 2　在"粗实线"图层绘制图形基本框架

如图 4-5 所示。

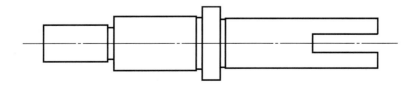

图 4-5　转轴框架

思路一 使用"矩形"命令绘制转轴的各个阶梯段，再利用"移动"命令将各部分按中点对齐的方式依次排列起来，组成转轴的基本框架，如图 4-6、图 4-7 所示。

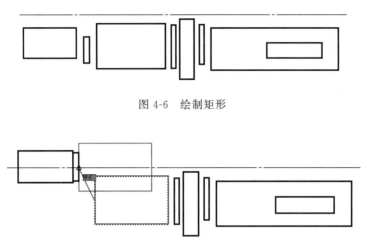

图 4-6 绘制矩形

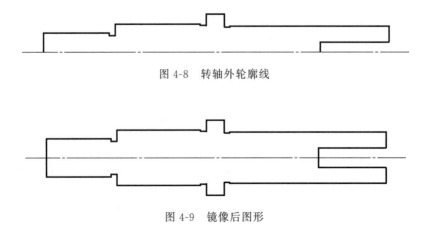

图 4-7 移动对齐

具体操作：

① 将"细点画线"图层设置为当前图层，在"常用"选项卡的"绘图"面板中单击"直线"按钮 ，然后在绘图区合适位置单击并水平向右移动光标，待出现水平极轴追踪线时输入值"200"并按"空格"键。

② 将"粗实线"图层设置为当前图层，在"常用"选项卡的"绘图"面板中单击"矩形"按钮 ，然后在上一步绘制的中心线下方合适位置单击鼠标左键，并输入"@29,16"。再多次重复使用本方法绘制其他矩形，参数分别为："@3,14""@37.5,24""@2.5,23""@8,32""@2.5,13""@100,22""@30,8"。

③ 在"常用"选项卡的"修改"面板中单击"移动"按钮 ，然后将上一步绘制的所有矩形按相关中点对齐的方式排列好相对位置。

思路二 使用"直线"命令，绘制一半的转轴外轮廓线，再利用"镜像"命令得到转轴的基本框架，如图 4-8～图 4-10 所示。

图 4-8 转轴外轮廓线

图 4-9 镜像后图形

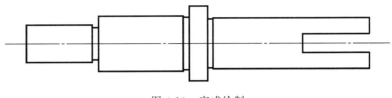

图 4-10　完成绘制

具体操作：

① 将"细点画线"图层设置为当前图层，在"常用"选项卡的"绘图"面板中单击"直线"按钮，然后在绘图区合适位置单击并水平向右移动光标，待出现水平极轴追踪线时输入值"200"并按"空格"键。

② 将"粗实线"图层设置为当前图层，在"常用"选项卡的"绘图"面板中单击"直线"按钮，然后在上一步绘制的中心线左端合适位置单击鼠标左键，并垂直向上移动光标，待出现垂直极轴追踪线时输入值"8"；水平向右移动光标，待出现水平极轴追踪线时输入值"29"；

垂直向下移动光标，待出现垂直极轴追踪线时输入值"1"；

水平向右移动光标，待出现水平极轴追踪线时输入值"3"；

垂直向上移动光标，待出现垂直极轴追踪线时输入值"5"；

水平向右移动光标，待出现水平极轴追踪线时输入值"37.5"；

垂直向下移动光标，待出现垂直极轴追踪线时输入值"0.5"；

水平向右移动光标，待出现水平极轴追踪线时输入值"2.5"；

垂直向上移动光标，待出现垂直极轴追踪线时输入值"4"；

水平向右移动光标，待出现水平极轴追踪线时输入值"8"；

垂直向下移动光标，待出现垂直极轴追踪线时输入值"5.5"；

水平向右移动光标，待出现水平极轴追踪线时输入值"2.5"；

垂直向上移动光标，待出现垂直极轴追踪线时输入值"0.5"；

水平向右移动光标，待出现水平极轴追踪线时输入值"100"；

垂直向下移动光标，待出现垂直极轴追踪线时输入值"7"；

水平向左移动光标，待出现水平极轴追踪线时输入值"30"；

垂直向下移动光标，待出现垂直极轴追踪线时输入值"4"。

③ 在"常用"选项卡的"修改"面板中单击"镜像"按钮，然后再将上一步绘制的所有线段以中心线镜像，得到所需图形。

提示：以上两种绘制方法均可得到所需图形，两种方法却各有优势。"思路一"看似烦琐，却几乎无需计算尺寸，直观好理解。"思路二"命令的使用次数远低于"思路一"，但在绘图中有一定的计算量。在实际绘图的工作中，两种方法均可使用，视个人对相关命令的熟悉程度及绘图习惯而定。

步骤 3　绘制转轴主视图中键槽及倒角等结构

如图 4-11 所示。

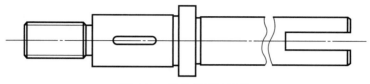

图 4-11 转轴键槽及倒角

本步骤中，需使用"倒角""直线""圆角""样条曲线"及"修剪"命令。

注：左端螺纹的小径与右侧断裂处的断裂边界波浪线应使用细实线绘制。

具体操作：

① 在"常用"选项卡的"修改"面板中单击"倒角"按钮 ⬜，输入"D"修改倒角距离值为"1"，按图 4-2 中所示完成 6 个倒角。

② 在"常用"选项卡的"绘图"面板中单击"直线"按钮 ⬜，按图 4-2 中所示补交倒角所需直线。

③ 在"常用"选项卡的"绘图"面板中单击"矩形"按钮 ⬜，根据命令行提示输入"F"，按"空格"键以选择"圆角"选项，然后输入圆角半径值"2.5"并按"空格"键，接着在绘图区单击以指定矩形的一个角点，接着输入"@20，5"，即可绘制出主视图所需键槽。

④ 在"常用"选项卡的"修改"面板中单击"移动"按钮 ⬜，然后选取上一步绘制的键槽并按"空格"键，再捕捉并单击键槽右侧圆弧中点，接着移动光标，图中相应点（不单击）并水平向左移动光标，待出现水平极轴追踪线时输入值"10"。如图 4-12 所示。

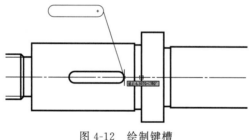

图 4-12 绘制键槽

提示： 中部键槽可在外部绘制完成后，移动至主视图中，此作图习惯在作复杂图形时优势较大，可大大减少作复杂图形时因线条过多而造成的误操作。

步骤 4 绘制转轴零件图的其他视图

如图 4-13 所示。

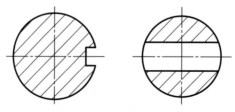

图 4-13 键槽断面图

　　本步骤中，需使用"圆""直线""圆角""复制""缩放"及"图案填充"等命令，绘制三个视图，其中两个断面图，一个局部放大视图。

　　提示： 本步骤各部分填充图案需保证间距比例、方向一致。

4.2 方刀架零件图绘制

【案例分析】

　　方刀架是普通车床床鞍部分的一个主要零件，用于安装车削刀具，可同时安装外圆车刀、挖刀、端面车刀、切断车刀 4 把刀具，能手动回转 90°～360°，而且回转定位精度高，

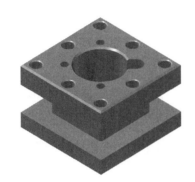
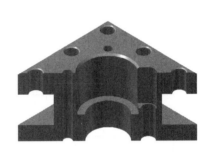

图 4-14　方刀架三维效果图

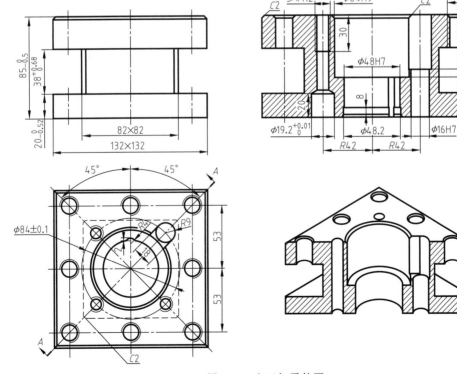

图 4-15　方刀架零件图

是车床主要部件，它通过各种机械加工成形，一般由 45 钢制成。

图 4-14 为方刀架的三维效果图，在绘制方刀架零件图之前，请仔细观察并分析该图，以便对方刀架有一个感性的认识，并有助于读者绘制方刀架的零件图。

本案例零件图如图 4-15 所示。在本例中除绘制方刀架的零件图外，还将学习二维图形的基本尺寸标注。

【绘图技术分析】

(1) 视图选择

① 用一个主视图和俯视图来表达方刀架的基本外观结构。

② 用一个全剖视图来表达方刀架的各孔的内部结构。

如图 4-16 所示。

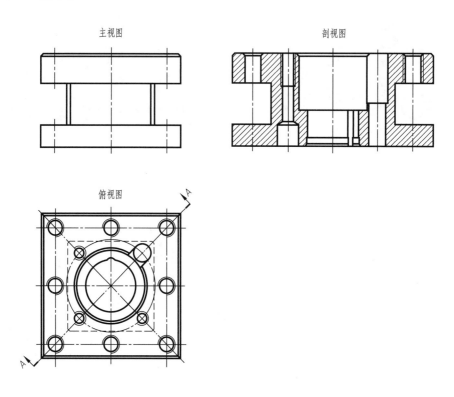

图 4-16　方刀架三视图

(2) 本图中的图层设置

图层名	线型	线宽	颜色
细点画线	Center2	0.25	白色
粗实线	Continuous	0.5	白色
细实线	Continuous	0.25	白色
虚线	Hidden2	0.25	白色
标注	Continuous	0.25	白色

(3) 本图可能采用的命令

图层设置	构造线	矩形	直线	倒角
圆	偏移	修剪	圆角	图案填充
移动	缩放	阵列	拉长	旋转

【操作步骤提示】

步骤 1 设置图层

使用"图层特性管理器"命令，设置本图中所需线型。如图 4-17 所示。

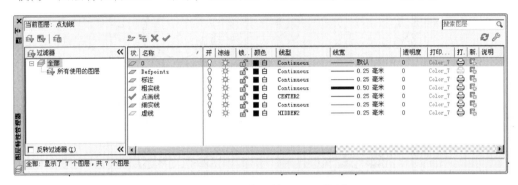

图 4-17 "图层特性管理器"对话框

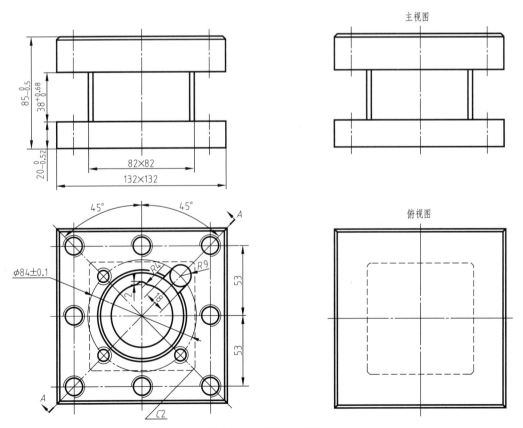

图 4-18 绘制基本框架

步骤 2　绘制主视图及俯视图基本框架

方刀架零件 1-
绘制主视图及
俯视图基本框架

根据零件图给定的尺寸，用"点画线""粗实线""虚线"图层根据三视图投影原理绘制主视图及俯视图基本框架，如图 4-18 所示。

步骤 3　绘制方刀架俯视图中孔

根据零件图给定的尺寸，绘制方刀架俯视图中各类孔，如图 4-19 所示。

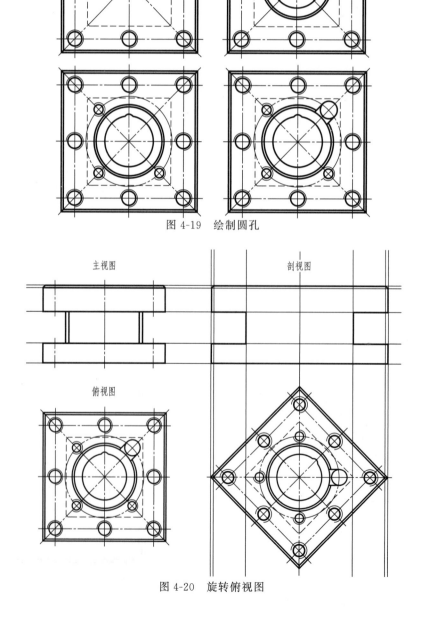

图 4-19　绘制圆孔

图 4-20　旋转俯视图

步骤 4　绘制方刀架剖视图

剖视图绘制思路　可将绘制好的俯视图复制、旋转并放至合适位置，再利用投影原理结

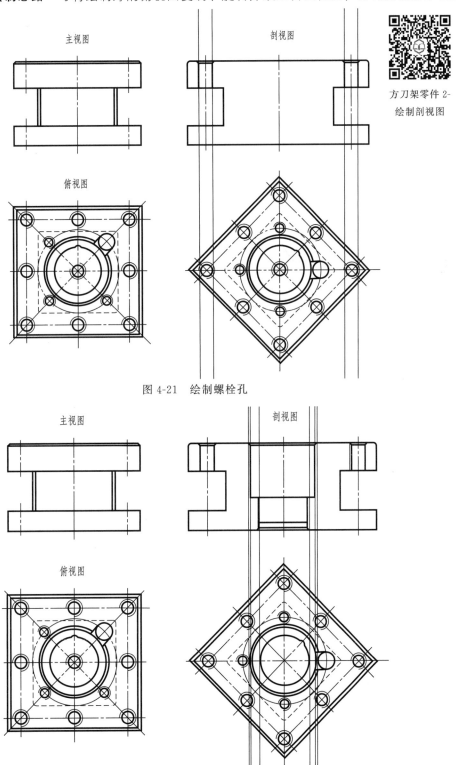

图 4-21　绘制螺栓孔

图 4-22　绘制主轴孔

合绘制好的主视图得到剖视图，如图 4-20～图 4-24 所示。

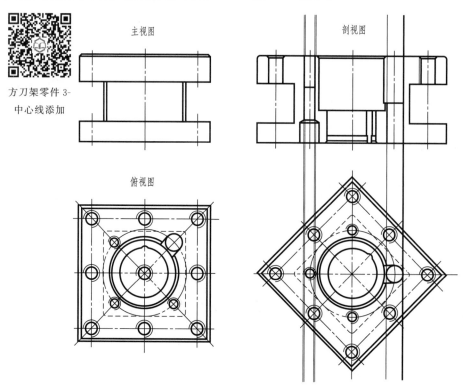

方刀架零件 3-
中心线添加

图 4-23   绘制螺栓孔

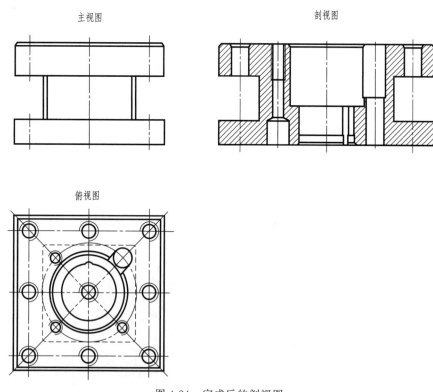

图 4-24   完成后的剖视图

步骤 5　标注完成的零件图

方刀架零件 4-
尺寸标准

在图形设计中，尺寸标注是绘图工作中必不可缺少的部分，因为绘制图形的根本目的是反映对象的形状，而图形中各个对象的真实大小和相互位置只有经过尺寸标注后才能确定，所以在绘图过程中必须准确、完整地标注尺寸。AutoCAD 提供了一套完整的尺寸标注命令和实用程序，可以使用户方便地进行图形尺寸的标注。如图 4-25 所示。

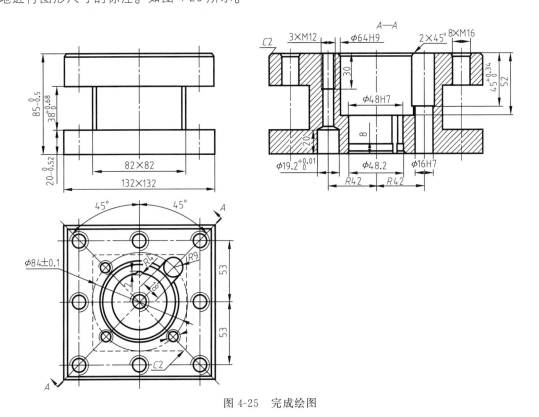

图 4-25　完成绘图

4.3　主轴后法兰零件图绘制

【案例分析】

法兰是管子与管子之间相互连接的零件，用于管端之间的连接；也有用在设备进出口上的法兰，用于两个设备之间的连接，如减速机法兰。法兰连接或法兰接头，是指由法兰、垫片及螺栓三者相互连接作为一组组合密封结构的可拆连接。管道法兰是指管道装置中配管用的法兰，用在设备上是指设备的进出口法兰。法兰上有孔眼，螺栓使两法兰紧连。法兰间用衬垫密封。法兰分螺纹连接（丝扣连接）法兰、焊接法兰和卡夹法兰。法兰都是成对使用的，低压管道可以使用丝扣接法兰，0.4MPa 以上压力的使用焊接法兰。两片法兰盘之间加上密封垫，然后用螺栓紧固。不同压力的法兰厚度不同，它们使用的螺栓也不同。水泵和阀门，在和管道连接时，这些器材设备的局部，也制成相对应的法兰形状，也称为法兰连接。

图 4-26　法兰三维效果图

本案例三维效果图如图 4-26 所示，零件图如图 4-27 所示。在本例中除绘制主轴后法兰的零件图外，还将学习零件图的形位公差标注。

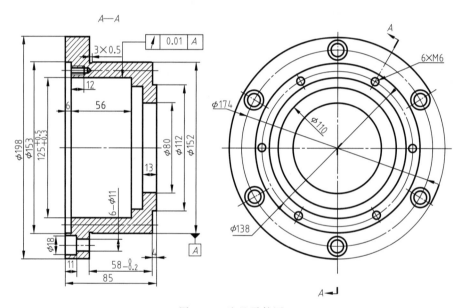

图 4-27　法兰零件图

【绘图技术分析】

(1) 视图选择

① 用一个主视图旋转剖来表达主轴后法兰的内部结构。

② 用一个左视图来表达孔的分布。

(2) 本图中的图层设置

图层名	线型	线宽	颜色
细点画线	Center2	0.25	白色
粗实线	Continuous	0.5	白色
细实线	Continuous	0.25	白色
虚线	Hidden2	0.25	白色
标注	Continuous	0.25	白色

（3）本图可能采用的命令

图层设置	构造线	矩形	直线	倒角
圆	偏移	修剪	圆角	图案填充
移动	缩放	阵列	拉长	旋转

【操作步骤提示】

步骤 1　设置图层

使用"图层特性管理器"命令，设置本图中所需线型。如图 4-28 所示。

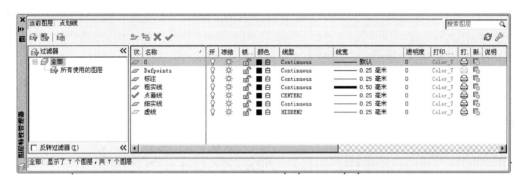

图 4-28　"图层特性管理器"对话框

步骤 2　绘制主视图及左视图基本框架

根据零件图给定的尺寸，用"点画线""粗实线"图层根据三视图投影原理绘制主视图及左图基本框架，如图 4-29 所示。

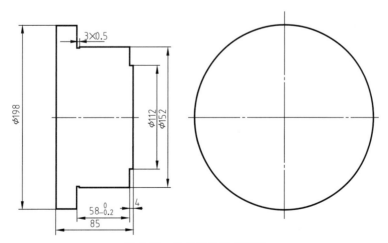

图 4-29　法兰零件基本框架

步骤 3　绘制中心孔结构

根据零件图给定的尺寸，绘制主视图及左视图中心孔结构，如图 4-30 所示。

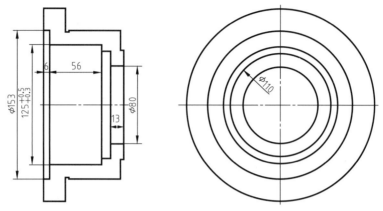

图 4-30　绘制中心孔结构

步骤 4　绘制螺纹孔及沉头孔结构

根据零件图给定的尺寸，绘制主视图及左视图中螺纹孔及沉头孔结构，如图 4-31 所示。

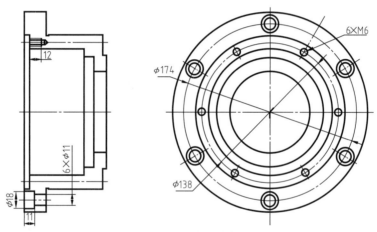

图 4-31　绘制孔结构

步骤 5　绘制主视图中剖面线

如图 4-32 所示。

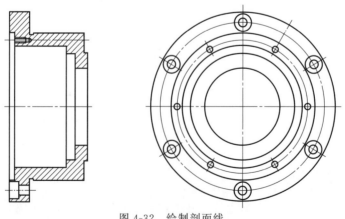

图 4-32　绘制剖面线

步骤 6　标注各视图

如图 4-33 所示。

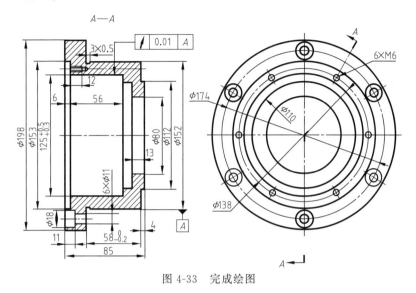

图 4-33　完成绘图

4.4　底座零件图绘制

【案例分析】

本案例三维效果图如图 4-34 所示。零件图如图 4-35 所示。

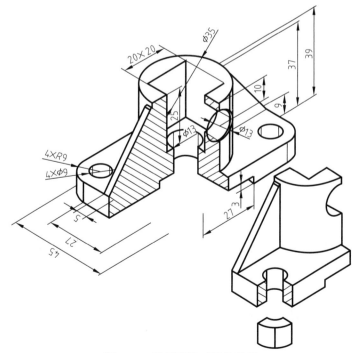

图 4-34　底座零件三维效果图

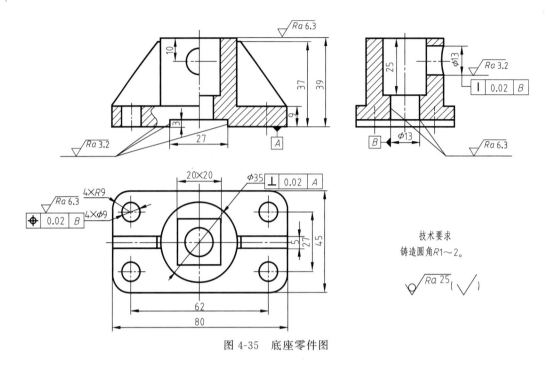

图 4-35 底座零件图

【操作步骤提示】

步骤 1 绘制底板图形

底座零件图建模

(1) 设置图层

使用"图层特性管理器"命令，设置本图中所需线型。其中细点画线图层需加载"Center2"线型，线宽除粗实线为 0.5mm，其余线型设置为 0.15mm。各图层颜色及其他特性均可使用默认设置。如图 4-36 所示。

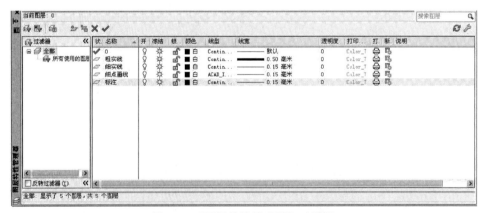

图 4-36 "图层特性管理器"对话框

(2) 绘制图形

在"粗实线"图层绘制图形基本框架，如图 4-37 所示。

使用"直线"命令绘制主视图对称部分，再利用"镜像"命令完成对称部分内容，最后使用"直线""样条线"命令完成主视图，如图 4-38、图 4-39 所示。

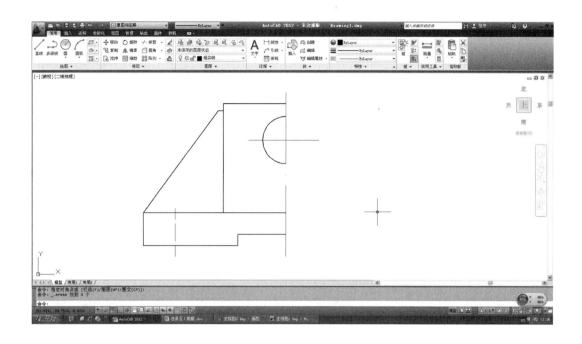

图 4-37　绘制图形基本框架

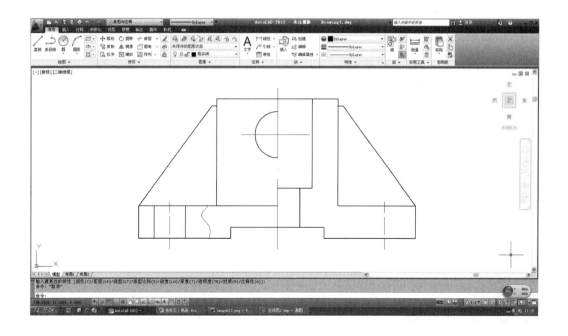

图 4-38　镜像图形

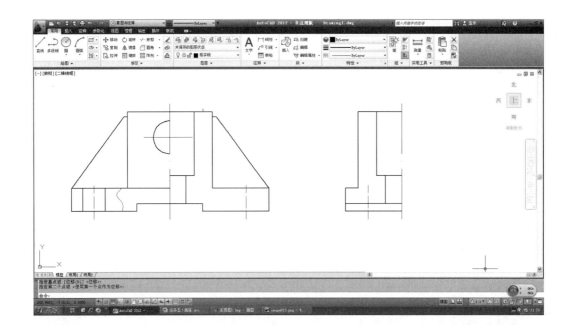

图 4-39　绘制左视图

左视图的绘图思路与主视图一样，使用"直线"命令绘制主视图对称部分，再利用"镜像"命令完成对称部分内容，最后使用"直线""圆弧"命令完成左视图，如图 4-40、图 4-41 所示。

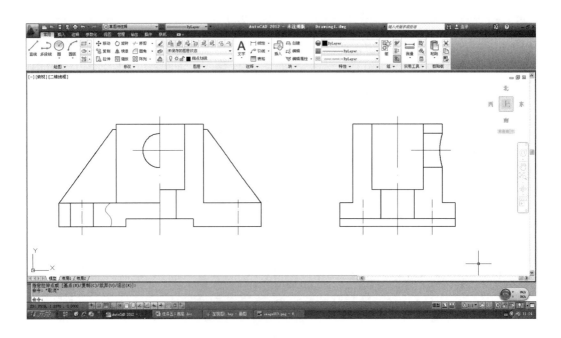

图 4-40　镜像图形

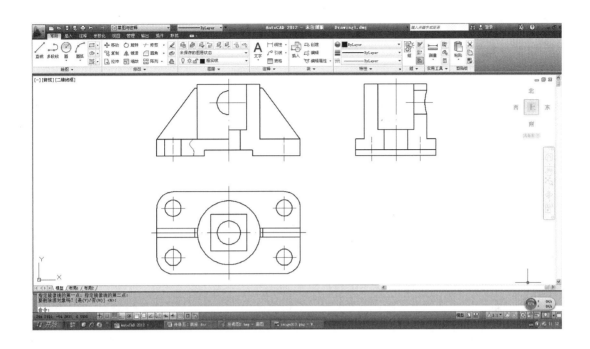

图 4-41　绘制俯视图

使用"矩形""圆""直线""圆角"等命令绘制完成俯视图。如图 4-42 所示。

使用"填充"命令绘制完成，全图各部分填充图案需保证间距比例、方向一致。

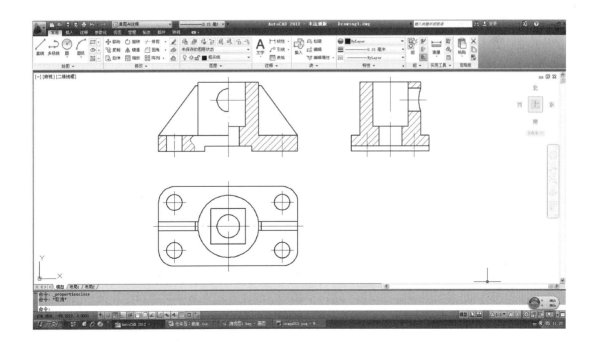

图 4-42　填充图形

步骤 2 底板尺寸标注

如图 4-43 所示，使用"标注"命令绘制完成尺寸标注。

底座零件图标注

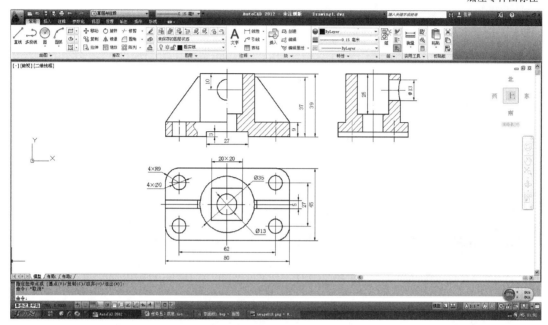

图 4-43 标注尺寸

步骤 3 底板形位公差标注

本图中，有两个"垂直度"和一个"位置度"要求，两个基准分别是 A、B。在 CAD 中有些标注符号不符合中国的国家标准，因此在需要这些符号时应该先把它画出来，然后将其定义成块（"写块"的快捷键为"w"，然后随便保存到一个文件夹里，自己要找得到）。这样方便下次使用，同时也提高了工作效率，然后利用插入块将其引入到图中。

绘制基准符号，定义成块。如图 4-44 所示。

图 4-44 绘制块

使用"插入""形位公差标注"命令绘制完成形位公差标注。如图 4-45 所示。

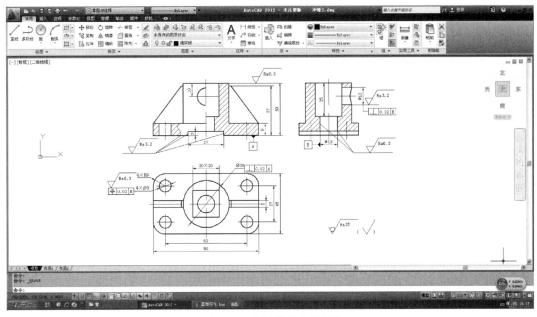

图 4-45　绘制形位公差标注

步骤 4　表面粗糙度符号的绘制及使用

表面粗糙度符号与基准符号一样，需要先绘制。步骤如下：

(1) 图形绘制

采用命令"偏移"和"直线""极轴"30°，如图 4-46 所示。

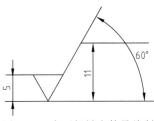

图 4-46　表面粗糙度符号绘制

(2) 定义属性

插入—定义属性—对话框，如图 4-47 所示。

图 4-47　"属性定义"对话框

（3）创建块

插入—创建块—对话框，如图 4-48 所示。

图 4-48 定义带属性的块

（4）插入块

点图标—对话框，完成后点击确定即可，如图 4-49、图 4-50 所示。

图 4-49 "插入"对话框

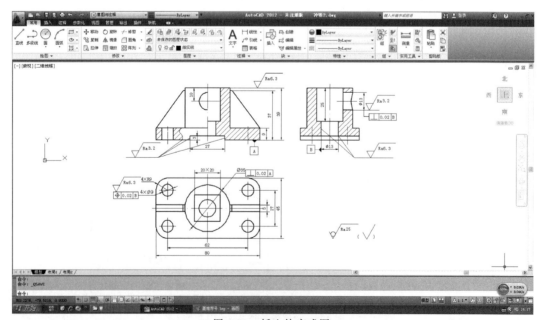

图 4-50 插入块完成图

步骤 5　编写技术要求

使用 "文字" 命令，适当的位置插入技术要求文件。如图 4-51 所示。

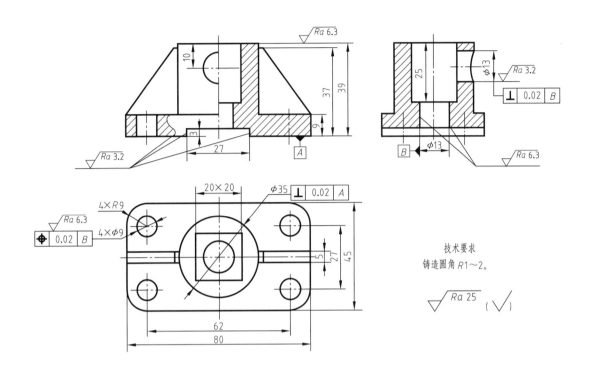

图 4-51　绘制完成图

4.5　箱体零件图绘制

【案例分析】

本节主要介绍箱体类零件的特点及其常见的表达方法，减速器箱体、阀体、泵体等都属于箱体类零件，这类零件主要用来支承、包容、保护其他零件，结构形状最为复杂，而且加工位置变化也最多。如图 4-52 所示。

【绘图技术分析】

(1) 箱体类零件的表达方式

箱体类零件加工位置多变，一般经多种工序加工而成，选择主视图时，主要考虑形状特征或工作位置。由于零件结构复杂，常需要三个以上的图形，并广泛地应用各种方法来表达。

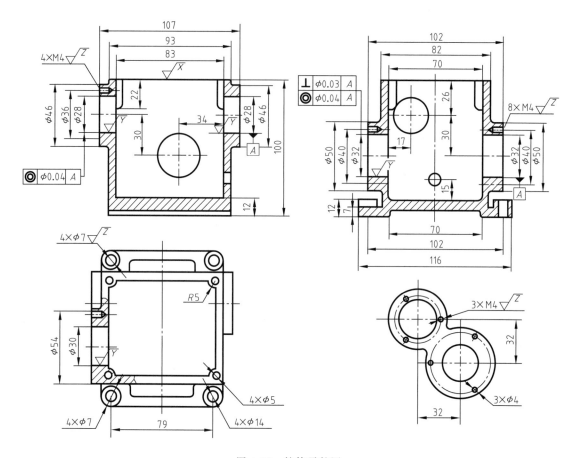

图 4-52　箱体零件图

(2) 本图中的图层设置

图层名	线型	线宽	颜色
细点画线	Center2	0.25	白色
粗实线	Continuous	0.5	白色
细实线	Continuous	0.25	白色

(3) 本图可能采用的命令

图层设置	构造线	矩形	直线	倒角
圆	拉伸	布尔运算	UCS 坐标	修剪
偏移	移动	镜像	圆角	图案填充
块	面域	形位公差	尺寸标注	

【操作步骤提示】

① 新建文件，选定建立的 A3 图纸样板，新建一个文件，然后保存文件的名称为"箱体"。

② 选择中心线图层，执行直线命令，在界面处适当位置绘制三个视图的中心线，然后新建一个辅助线图层，在辅助线图层执行直线命令，绘制视图的边界基准线，如图 4-53 所示。

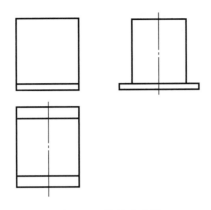

图 4-53　绘制基准线

③ 先绘制主视图，根据图中给定的尺寸绘制主视图的外形，用直线和圆指令，如图 4-54 所示。

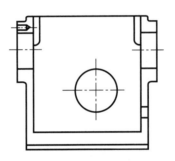

图 4-54　箱体主视图轮廓

④ 根据图中给定的其他尺寸绘制主视图其他内部结构虚线，如图 4-55 所示。

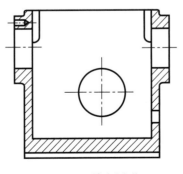

图 4-55　填充图形

⑤ 绘制左视图，根据给定图形尺寸，绘制左视图轮廓线；利用对象捕捉和对象追踪，使左视图和主视图 "高平齐"，如图 4-56 所示。

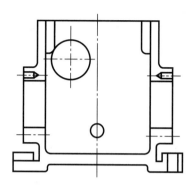

图 4-56　箱体左视图轮廓

⑥ 根据给定图形尺寸绘制左视图，并添加剖面线，注意剖面线要和主视图一致。如图4-57 所示。

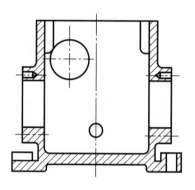

图 4-57　填充图形

⑦ 绘制俯视图，根据给定图形尺寸，先绘制外轮廓，如图 4-58 所示。

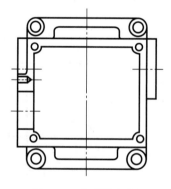

图 4-58　箱体俯视图

⑧ 绘制俯视图其他内部结构虚线，用样条曲线绘制波浪线，进行修剪整理，作出局部剖视图。注意利用对象捕捉和对象追踪，使主视图和俯视图"长对正"；如图 4-59 所示。

⑨ 绘制A 向局部视图，根据给定图形尺寸，利用圆弧指令绘制圆，圆弧连接。如图4-60 所示。

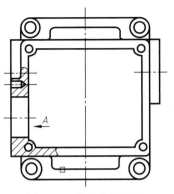

图 4-59　其他内部结构

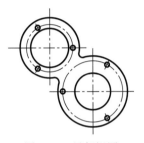

图 4-60　局部视图

⑩ 选择标注图层，选择合适的标注样式标注尺寸。如图 4-61 所示。

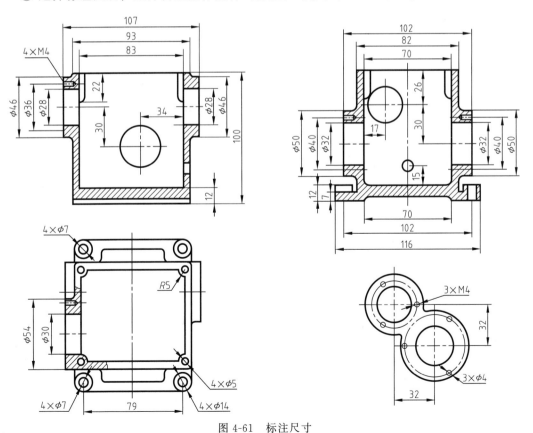

图 4-61　标注尺寸

⑪ 箱体形位公差的标注。

本图中，有两个"同轴度"和一个"垂直度"要求，其基准是 A。定义块前面已经说明，此处不再重复，公差标注如图 4-62 所示。

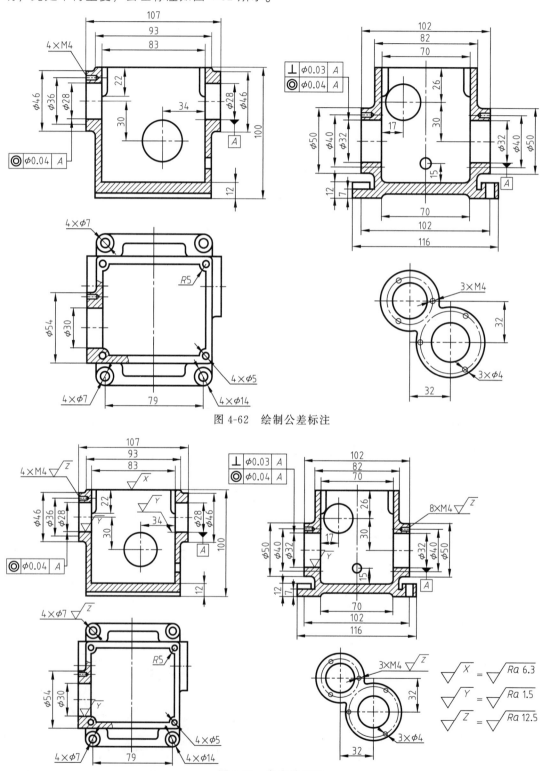

图 4-62　绘制公差标注

图 4-63　完成效果图

⑫ 表面粗糙度符号的绘制及使用，如图 4-63 所示。

⑬ 编写技术要求。

使用"文字"命令，适当的位置插入技术要求文件。如图 4-64 所示。

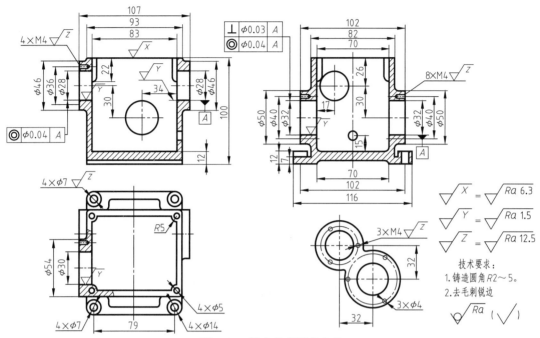

图 4-64　插入技术要求文件

⑭ 整理图形，完成全图。如图 4-65 所示。

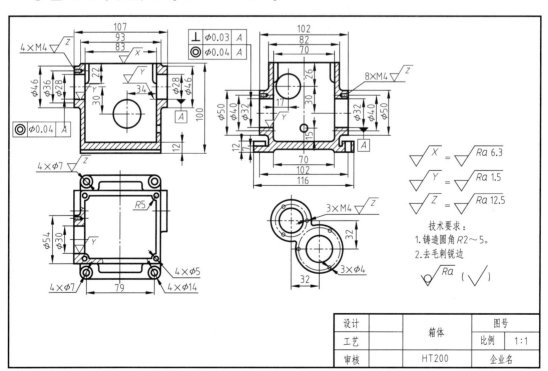

图 4-65　箱体完成图

4.6 机用台虎钳装配图绘制

【案例分析】

每台机器都是由若干个零部件按照一定的装配关系装配而成的，如台虎钳是由台虎钳底座、护口板、活动钳口、螺杆、螺钉、方块螺母、垫圈等装配而成。表示产品及其组成部件的连接、装配关系的图样称为装配图。

装配图是表示机器或部件的装配关系、工作原理、传动路线、零件的主要结构形状以及装配、检验、安装时所需要的尺寸数据和技术要求的技术文件。在产品设计时，通常是根据设计书，先画出符合设计要求的装配图；在制造生产中，根据装配图制定工艺。

图 4-66 为台虎钳的三维效果图，在绘制台虎钳装配图之前，请仔细观察并分析该图，以便对台虎钳有一个感性的认识，并有助于读者绘制台虎钳的零件图。

图 4-66　台虎钳三维效果图

本案例装配图如图 4-67 所示，这是一个较常见的典型装配图。

【绘图技术分析】

(1) 装配图的尺寸标注

装配图中，不必标注全部零件的尺寸，只需标注用以说明零部件的规格（性能）尺寸、装配尺寸、安装尺寸、外形尺寸及其他重要尺寸。

① 规格（性能）尺寸：表示机械部件的规格、性能的尺寸。这些尺寸是设计时确定的。它是了解和选用该装配体的依据。

② 装配尺寸：包括配合尺寸、相对位置尺寸和装配时的相对位置尺寸。这种尺寸是保证装配体装配性能和质量的尺寸。

③ 安装尺寸：表示机械零部件安装或者与其他零部件相连接时所需要的尺寸。

④ 外形尺寸：表示机械零部件的外形总长、总宽、总高的尺寸。它反映了装配体的大小，提供了装配体的包装、运输和安装过程中所占的空间尺寸。

⑤ 其他重要尺寸：它是设计中确定的，而又未包括在上述几类尺寸之中的主要尺寸。

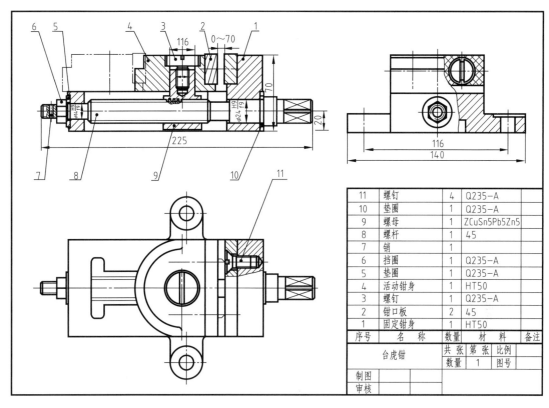

图 4-67 台虎钳装配图

11	螺钉	4	Q235-A	
10	垫圈	1	Q235-A	
9	螺母	1	ZCuSn5Pb5Zn5	
8	螺杆	1	45	
7	销	1		
6	挡圈	1	Q235-A	
5	垫圈	1	Q235-A	
4	活动钳身	1	HT50	
3	螺钉	1	Q235-A	
2	钳口板	2	45	
1	固定钳身	1	HT50	
序号	名称	数量	材料	备注

如运动件的极限尺寸，主体零件的主要尺寸等。

（2）装配图的技术要求

由于装配体的性能、用途各不相同，因此其技术要求也不同，拟定装配体技术要求时，应具体分析，一般应从以下几个方面考虑。

① 装配要求：在装配过程中的注意事项和装配后应满足的要求，如保证间隙、精度要求、润滑和密封要求等。

② 检验要求：装配体基本性能的检验、实验规范和操作要求。

③ 使用要求：对装配体的规格、参数及维护、保养、使用时的注意事项及要求。

上述各项，不是每张装配图都要求全部注写，应根据具体情况而定。装配图的技术要求一般用文字注写在明细栏上方或图样右下方的空白处。

（3）本图中的图层设置

图层名	线型	线宽	颜色
标注	Continuous	0.25	白色
粗实线	Continuous	0.5	白色
细点画线	Center2	0.25	白色
双点画线	Phantom2	0.25	白色
细实线	Continuous	0.25	白色
虚线	Hidden2	0.25	白色

（4） 本图可能采用的命令

图层设置	构造线	矩形	直线	倒角
圆	偏移	修剪	圆角	图案填充
移动	缩放	波浪线	块	插入

【操作步骤提示】

（1） 制作装配图图纸模板及设置图层

装配图模板的图形界限（图纸幅面）应较大，因其表达的内容相对较多，本案例用 A2 图幅。

使用 "图层特性管理器" 命令，设置本图中所需线型。其中细点画线图层需加载 "Center2" 线型，双点画线需加载 "Phantom2" 线型，虚线需加载 "Hidden2" 线型，线宽除粗实线为 0.5mm，其余线型设置为 0.25mm。各图层颜色及其他特性均可使用默认设置。将模板命名为 "装配图.dwt"，保存模板文件。如图 4-68 所示。

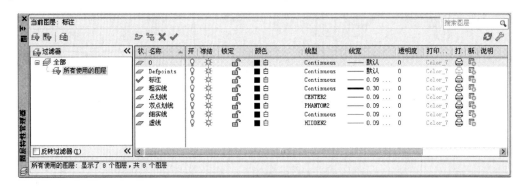

图 4-68　"图层特性管理器" 对话框

（2） 创建 "写块"

① 创建螺杆垫片图块。

根据装配图的螺杆和台虎钳座的关系，为了便于零件的装配，故此处将螺杆和垫圈做在一起成为一个块。打开螺杆零件图，关闭标注尺寸层，删除表面粗糙度符号以及主视图以外的其他视图，仅保留主视图图形。在螺杆上绘制垫圈。使用直线命令，绘制 $\phi24$ 的垫圈，使用 "图案填充" 命令设置剖面线。如图 4-69 所示。

图 4-69　绘制螺杆、垫圈

输入块命令 "WBLOCK"，系统会弹出块的对话框，在名称输入框中输入 "螺杆"，单击 "拾取点" 按钮，拾取垫圈左边线的中点，即为基点，如图 4-70 所示单击 "选择对象" 按钮，用框选的方式选中螺杆，按回车键，回到 "写块" 对话框，单击 "确定" 按钮。

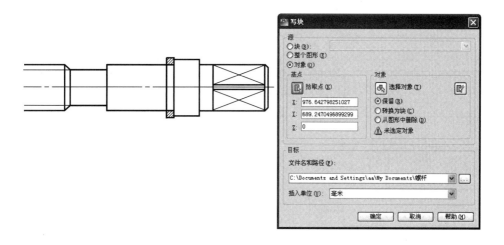

图 4-70 螺杆块

② 创建螺钉图块。

根据上述创建块的步骤创建螺钉的图块，如图 4-71 所示。

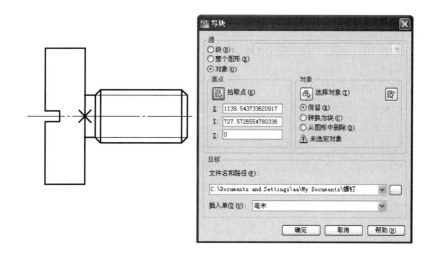

图 4-71 螺钉图块

(3) 复制"台虎钳座"到装配图模板中

① 打开 AutoCAD 软件，按"Ctrl + N"组合键，选择"装配图 . dwt"，单击打开，采用"Zoom"→"All"命令，使图幅满屏。

② 使用快捷键"Ctrl + O"，打开"台虎钳座"零件图。框选全部视图，按"Ctrl + C"复制图形到剪贴板中，然后关闭"台虎钳座"零件图。

③ 回到已经打开的模板中，按"Ctrl + V"快捷键，将"台虎钳座"零件图复制到模板中，在适合的位置单击左键，确定放置位置。用"Zoom"→"All"命令放大图形。

④ 关闭尺寸线层，删除零件图中的其他标注，如图 4-72 所示。

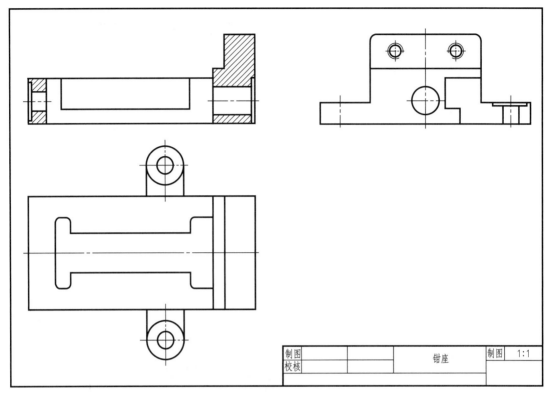

| 制图 | | | 钳座 | 制图 | 1:1 |
| 校核 | | | | | |

图 4-72　复制"台虎钳座"到装配图模板中

（4）用插入法完成主视图

① 使用插入命令"Insert"，系统弹出"插入"对话框，在"插入"对话框中选择要插入块的名称"螺杆"

② "插入点"选择"在屏幕上的指定点"，其余默认，单击"确定"按钮，此时在光标上会出现"螺杆"的形状，并跟随光标移动。设置"对象捕捉"为"交点"，在屏幕工作区单击主视图右端装配孔中心点，这样就完成了螺杆的插入。如图 4-73 所示。用修剪、打断和删除命令去除多余和重复的线段。

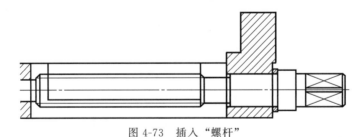

图 4-73　插入"螺杆"

③ 插入"方块螺母"，使用快捷键"Ctrl＋O"，打开"方块螺母"零件图。使用删除命令将主视图的标注尺寸线、多余的剖面线等标注部分删除。框选修改后的主视图，按"Ctrl＋C"复制图形到剪贴板中，然后关闭"方块螺母"零件图，提示"是否保存对文件的修改"中选择"否"，回到已经打开的装配模板中，按"Ctrl＋V"快捷键，将"方块螺母"零件图复制到模板中，在空白处单击左键，确定放置位置。然后将"方块螺母"主视图放置

到装配图中去，使用移动命令"M"，选择"方块螺母"上的基点，插入到装配图的适当位置，如图 4-74 所示。

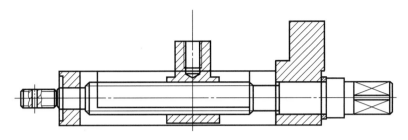

图 4-74　插入"方块螺母"

④ 插入"活动钳口"。用同样的方法打开"活动钳口"零件图，去除尺寸标注和多余的剖面线，复制主视图到装配图中，将其移动到适当位置，如图 4-75 所示。

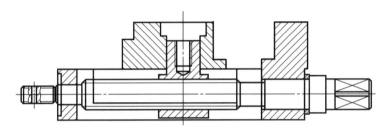

图 4-75　插入"活动钳口"

⑤ 插入"垫片"和"螺母"。按"Ctrl＋O"组合键打开"垫片"的零件图，在相应的视图中进行处理后，复制到装配图左端适当位置。使用同样的方法将"螺母"放置到指定的位置。

⑥ 插入"螺钉"。输入命令"Insert"。系统弹出"插入"对话框，在"插入"对话框中，选择要插入块的名称"螺钉"，"插入点"和"插入角度"选择"在屏幕中指定"，其余默认。单击"确定"按钮，这时在光标上就出现了"螺钉"的形状，并随光标移动，输入插入角度为"90"，设置"对象捕捉"为"交点"，单击主视图左端装配孔中心点，插入螺钉。插入后删除多余或重复的线，如图 4-76 所示。

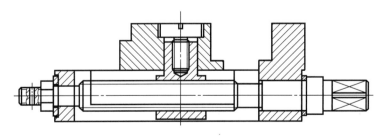

图 4-76　插入"螺钉"

⑦ 绘制"钳口板"。由于钳口板的形状比较简单，在装配图的主视图上可不绘制装配螺孔。直接绘制其断面形状（矩形），移动到安装位置，然后再用"BH"命令绘制剖面线，右边钳口板剖面线方向应为"0°"，左边钳口板剖面线方向应为"90°"，如图 4-77 所示。

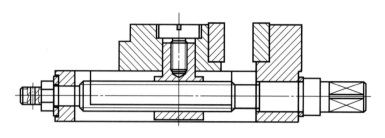

图 4-77　绘制"钳口板"

(5) 用插入法完成俯视图

① 将主视图螺母的中心线延长到俯视图上，与俯视图水平中心线相交。将主视图上的"螺杆"左右伸出部分复制到俯视图上，并做适当修改，如图 4-78 所示。

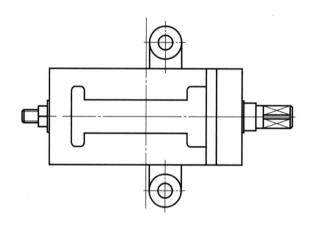

图 4-78　绘制俯视图

② 按"Ctrl + O"组合键，选择"活动钳口"零件图，将其打开。用"删除"命令将俯视图的标注尺寸线、螺纹孔等部分删除，框选修改后的俯视图，按"Ctrl + C"组合键，将"活动钳口"的主视图复制到剪贴板，关闭"活动钳口"零件图，在提示"是否保存对文件的修改"中选"否"。回到装配图文档中，按"Ctrl + V"组合键，单击空白处，将"活动钳口"俯视图放到装配图中，输入命令"M"，选择"活动钳口"上的基点，设置对象捕捉为"交点"，插入图中箭头所指位置。绘制"方块螺母"零件图在俯视图上的可见部分，如图 4-79、图 4-80 所示。

③ 根据投影关系，在俯视图上直接绘制"螺钉"的俯视图。将主视图上的钳口板向俯视图引投影线，并将螺杆的中间部分复制到俯视图上，经"修剪"得到如图 4-81 所示图形。

(6) 根据"长对正、高平齐、宽相等"原则，继续完成左视图

左视图中采用局部剖的方法反映部分视图的形状。

① 根据软件中的标准件 M10 的螺钉的尺寸，将左视图上固定"钳口板"的螺钉视图做出。然后利用"图案填充"命令填充"钳口板"部分。如图 4-82 所示。

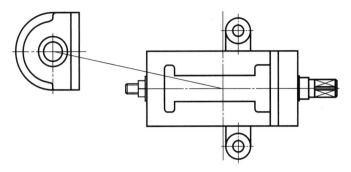

图 4-79　插入"活动钳口"

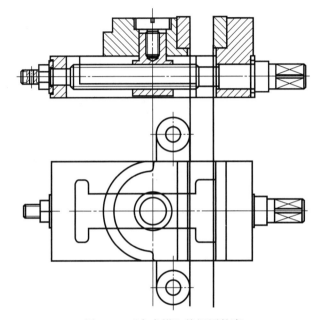

图 4-80　"台虎钳"俯视图轮廓

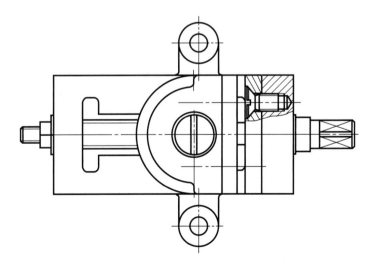

图 4-81　"台虎钳"俯视图

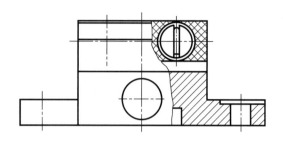

图 4-82　螺钉左视图

② 绘制螺杆左侧螺母、螺杆和垫片的投影。如图 4-83 所示。

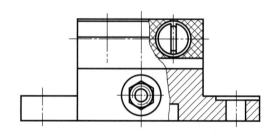

图 4-83　"台虎钳"左视图

③ 检查绘制后的视图各剖面线的剖切方向，如有错误进行修改。检查各视图有无错漏，进行修饰。至此装配图的视图部分就完成了。

（7）标注序列号

按逆时针方向标注序列号。在主视图右上方"台虎钳座"的剖面上，用圆命令画一直径为 0.3 的小圆，用"HB"命令将小圆涂黑，执行"标注"→"引线"命令，设置"引线箭头"为"无"，在"附着"中选择"在最后一行加下划线"。捕捉"小圆"的"象限点"绘制引线，在引线上方输入序号"1"，字号设置为 10。复制小圆到"钳口板"的剖面上，绘制引线，标注序号为"2"，用同样的方法完成装配图中 11 个序号的标注。如图 4-84 所示。

（8）标注装配图尺寸

① 执行"格式"→"标注样式"命令，在"标注样式管理器"中，将"文字"选项卡转换到"Standard"，标注尺寸：总长 213，总宽 140，高度尺寸 59 和 15，安装尺寸 114，底座总长 152，底座总宽 74。

② 执行"格式"→"标注样式"命令，在"标注样式管理器"中，将"直径"置为当前，标注直径及配合公差。先标注 ϕ12，在其后用多行文字输入"$\dfrac{H8}{f7}$"，用引线标注 ϕ18 $\dfrac{H8}{f7}$，ϕ20 $\dfrac{H8}{f7}$。在 M10 后加 $\dfrac{H7}{6g}$。

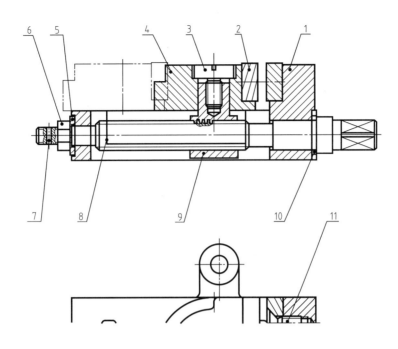

图 4-84　"台虎钳"的序号

(9) 绘制明细栏，输入技术要求

用"偏移"命令绘制明细表（也可以用"绘图"→"表格"…绘制行高为"8"的表格），在明细栏中按由上至下的顺序填写各零件的序号、名称、数量、材料、备注，标准件在明细栏按 GB/T 10609.2 规定绘制，如图 4-85 所示。

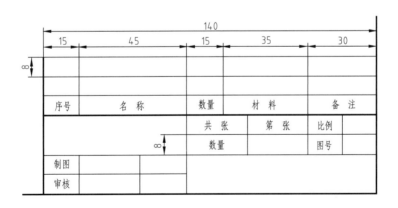

图 4-85　明细栏

注：除通过插入零件图的方法绘制装配图外，还有其他绘制方法。

① 直接绘制法。即采用绘制零件图一样方法，利用二维绘图及编辑命令，按照装配图的画图步骤一步一步绘制。

② 利用设计中心拼画装配图。

思考与练习

利用本章节学习的内容，绘制图 4-86～图 4-91 所示图形。

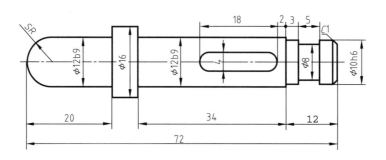

图 4-86

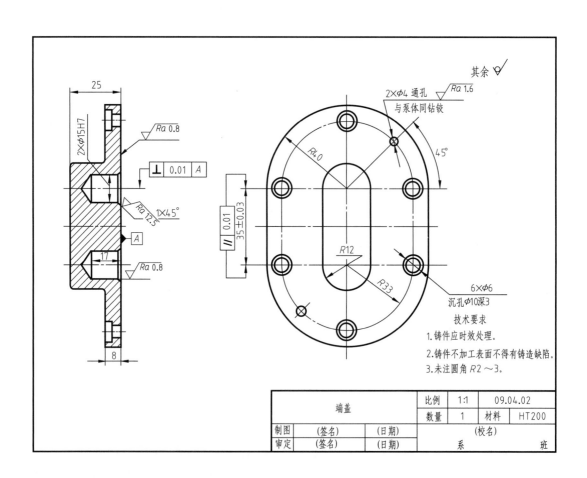

图 4-87

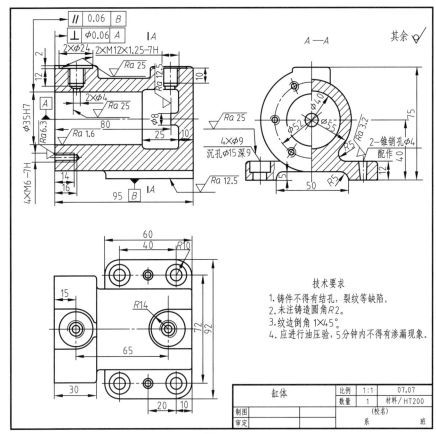

图 4-88

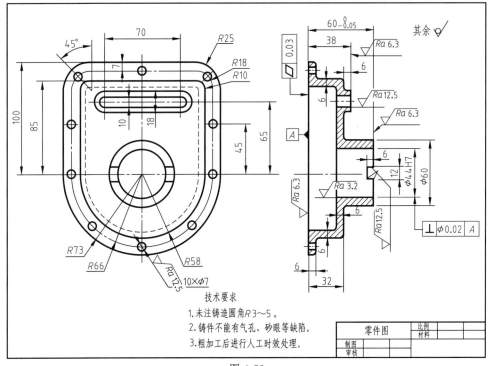

图 4-89

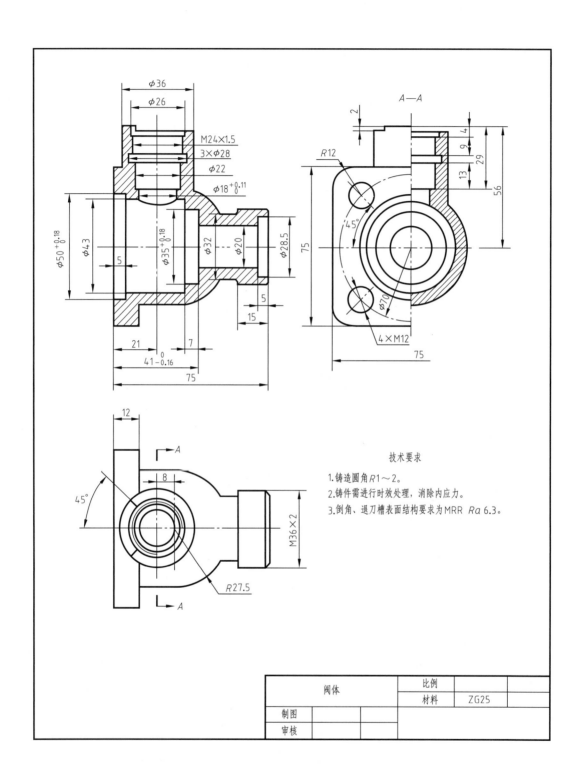

技术要求

1. 铸造圆角 R1～2。
2. 铸件需进行时效处理，消除内应力。
3. 倒角、退刀槽表面结构要求为 MRR Ra 6.3。

	阀体		比例		
			材料	ZG25	
制图					
审核					

图 4-90

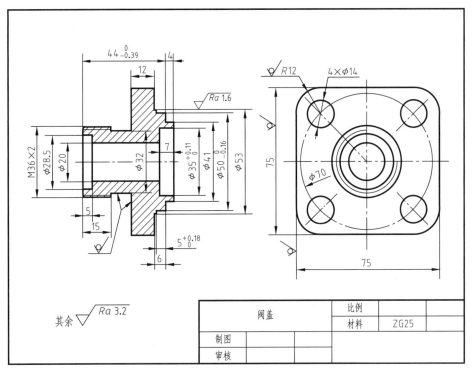

图 4-91

📚 技能与素养

1. 职业素养

在本章的学习过程中，应养成严肃认真的绘图习惯，认真对待每一根线，每一个字，培养责任感和使命感。对于图样的绘制，要一步一步来，认真绘制每一根图线，面对绘图中的困难，要迎难而上，培养持之以恒的工作态度。要牢固树立，今天的图纸，就是明天产品，图纸不规范，产品就不合格，浪费人力，物力造成损失的理念。

2. 工匠人物

张少飞——从手工绘图匠到模具工匠的成长之路

张少飞：重细节、追求完美是成为一个匠人的关键要素

模具设计是在图纸上操作的，他有个绰号，叫"手工绘图匠"。刚走出校门的时候，他的设计图纸经常出错，车间制造师傅经常打电话通知他去更改图纸。师傅告诉他，"图纸是设计师的语言，你设计的图纸如果车间师傅没有打电话给你，模具就制造完成了，那么你才能算是个合格的设计师"。

那个时候，都是靠手工一笔一画绘图的，要趴在绘图板上，用铅笔、圆规、丁字尺进行模具设计。每天下班时，手上是黑乎乎的，粘满了橡皮擦和铅笔粉末。那时年轻，图画得很快，错了就重新继续画，3 至 4 天就可以搞定一套模具图纸。于是，师傅就开玩笑对他说，"小张简直就是个绘图匠"，所以才有了个绰号"手工绘图匠"。

师傅对他的设计图纸要求很高，每次发现图纸上有不合理的设计方案或错误时，就用红色笔在图纸上画个大叉。那个年代不像现在用电脑设计绘图，可以撤销、返回、重新修改。

在手工绘图的时代，图纸上的红叉意味着重新画，因为橡皮擦是擦不了红叉的。有一次，他设计模具的每张图纸上都有四百多个直径 3mm 的小孔，总共有 7 张 A0 图纸，结果没画好，被师傅打了 7 个大红叉，辛苦好几天画出来的 7 张图纸全费了，都要重新画。这一次之后，每次他提交图纸给到师傅时，都会多检查几遍。这些红叉告诉他一个朴素的道理：无论付出多少汗水，如果有差错，就都等于零。这让他慢慢就养成了比较细心的习惯，让他后续的工作中受益匪浅，他反复提醒自己要做个合格的设计师。

张少飞：不忘初心，方得"道技合一"

1991 年，他在学校学到了"模具是工业之母，模具设计是模具行业的基础"的时候，就立下了做好模具设计这份工作的目标。三十多年后的今天，他依然坚守在模具设计岗位，依然在朝着"道技合一"的目标前进。

2019 年 6 月，他被中国模具工业协会授予中国首届百名"卓越模具工匠"称号，得到了国家和行业的认定与鼓励。

第5章
三维实体建模基础

在工程设计和绘图过程中，AutoCAD 除具有强大的二维绘图功能外，还具备基本的三维造型能力。AutoCAD 可以利用 3 种方式来创建三维图形，即线性模型方式、曲面模型方式和实体模型方式。本章以讲解创建实体模型为主，在"三维建模"工作空间中介绍 Auto-CAD 三维建模的基本知识。

5.1 AutoCAD 三维建模系统介绍

在学习创建三维模型之前，需要先来了解 AutoCAD 中三维视图、视口以及 UCS、三维动态观察等与三维制图密切相关的知识，为创建三维模型作准备。

5.1.1 视图

AutoCAD 为用户提供了一些标准视图，这些标准视图包括 6 个基本视图和 4 个等轴测图，用户可以在任意视图内创建三维模型，同时也可以很方便地在这些视图之间切换，以便于创建、观察和编辑三维模型。切换视图的方式主要有以下几种。

① 在"AutoCAD 经典"布局情况下，单击菜单栏中"视图"—"三维视图"级联菜单中的命令，如图 5-1 所示。

② 在"草绘与注释"布局情况下，单击"视图"工具栏上的相应视图按钮，如图 5-2 所示。

③ 将光标移动到视图左上角的"视图控件"位置单击，在弹出的下拉菜单中执行相关命令，如图 5-3 所示。

上述 6 个基本视图和 4 个等轴测视图是用于显示三维模型的主要特征视图，其显示效果图如图 5-4 所示。

5.1.2 视口

视口实际上就是用于绘制图形、向视图形的区域。系统默认情况下，AutoCAD 将整个

图 5-1　三维视图菜单栏

图 5-2　视图工具栏

图 5-3　视图控件菜单

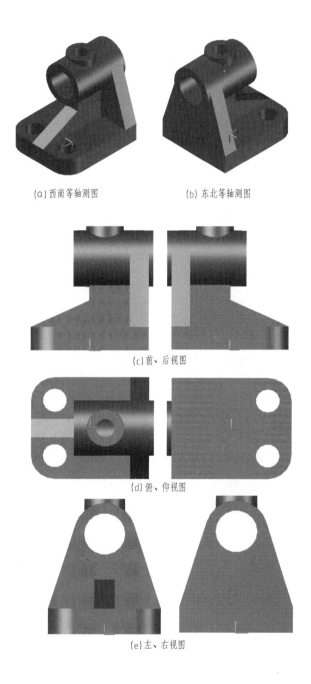

(a) 西南等轴测图　　　　　　(b) 东北等轴测图

(c) 前、后视图

(d) 俯、仰视图

(e) 左、右视图

图 5-4　主要特征视图

绘图区作为一个视口，为了便于从各个不同视角上观察三维模型的不同部分，AutoCAD 又提供了视口分割功能，将默认的一个视口分割成多个视口，同时可以将每个视口切换为不同视图，这样用户可以在视图区的不同视口从不同的方向观察三维模型的不同部分。分割视口的方法主要有以下几种。

　　① 在"AutoCAD 经典"布局情况下，执行菜单栏中"视图"—"视口"级联菜单中的

各命令，如图 5-5 所示。

② 在"草绘与注释"布局情况下，单击"视口"工具栏上的相应视图按钮，如图 5-6 所示。

③ 将鼠标指针移到视图左上角的"视图控件"位置单击，在弹出的下拉菜单中执行相关命令，如图 5-7 所示。

如果执行了"视口"命令级联菜单下的"新建视口"命令，或出现"视口配置列表"级联菜单下的"配置"命令，则会打开"视口"对话框，如图 5-8 所示。在此对话框中选择一种视口分割形式，单击"确定"按钮即可将当前视口进行分割。

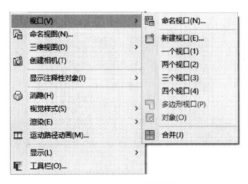

图 5-5　视口菜单栏

图 5-6　视口工具栏

图 5-7　视口操作

图 5-8　新建视口对话框

5.1.3　UCS

在二维图绘图空间绘图时，一般使用的是世界坐标系，即 WCS。由于世界坐标系是固定的，这就使得用户仅能在 xy 坐标系平面内绘图，为了满足在三维空间内绘图的需要，AutoCAD 允许用户自定义坐标系，简称 UCS。

UCS 坐标系和世界坐标系不同，它可以移动和旋转，可以随意更改坐标系的原点，也可以设定任意方向为 x、y、z 轴的正方向，这就满足了用户在三维空间内绘图的需要。自定义 UCS 主要有以下几种方式。

① 在"AutoCAD 经典"布局情况下，执行菜单栏中"工具"—"新建 UCS"级联菜单中的各命令，如图 5-9 所示。

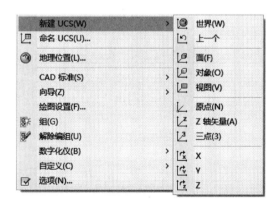

图 5-9　新建 UCS 菜单

② 在"草绘与注释"布局情况下，单击"UCS"工具栏上的各按钮，如图 5-10 所示。

③ 在命令栏输入 UCS 按 Enter 键，如图 5-11 所示。

图 5-10   UCS 工具栏

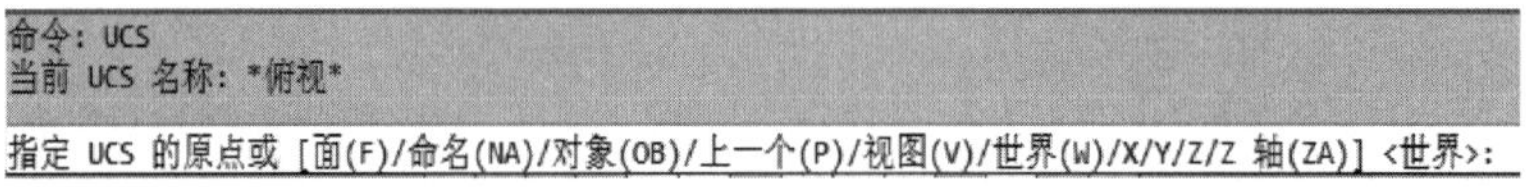

```
命令: UCS
当前 UCS 名称: *俯视*
指定 UCS 的原点或 [面(F)/命名(NA)/对象(OB)/上一个(P)/视图(V)/世界(W)/X/Y/Z/Z 轴(ZA)] <世界>:
```

图 5-11   UCS 命令对话框

执行菜单栏中的"工具"—"命名 UCS"命令，在打开的"UCS"对话框中对命名 UCS 以及正交 UCS 进行管理和操作。比如，用户可以删除、重命名或恢复已命名的 UCS 坐标系，也可以选择 AutoCAD 预设的标准 UCS 坐标系以及控制 UCS 图标显示等。

5.1.4   三维动态观察

3DFORBIT 命令将激活交互式的动态视图，用户通过单击并拖动鼠标的方法来改变观察方向，从而能够非常方便地获得不同方向的 3D 视图。使用此命令时，用户可以选择观察全部的或模型中的一部分对象，AutoCAD 围绕待观察的对象形成一个辅助圆，该圆被 4 个小圆分成 4 等份，如图 5-12 所示。辅助圆的圆心是观察目标点，当用户按住左键拖动鼠标时，待观察的对象（即目标点）静止不动，而视点绕着 3D 对象旋转，显示结果是视图在不断地转动。

图 5-12   3D 动态图

当用户想观察整个模型的部分对象时，应先选择这些对象，然后执行 3DFORBIT 命令，此时，仅所选对象显示在屏幕上。若其没有处在动态观察器的大圆内，就单击鼠标右键，选取【范围缩放】选项。命令启动有以下几种方法。

① 在"AutoCAD 经典"布局情况下，下拉菜单："视图"—"动态观察"—"自由动态观察"。

② 在 "草绘与注释" 布局情况下，点击 "视图" 菜单—"导航" 面板上的 自由动态观察 按钮。

③ 在命令栏输入 3DFORBIT 按 Enter 键在命令行。

主要有以下几种光标形状。

① 球形光标 光标位于辅助圆内时变为 形状，可假想一个球体将目标对象包裹起来，此时按住鼠标左键拖动光标，就使球体沿光标拖动的方向旋转，模型视图也随之旋转。

② 圆形光标 移动光标到辅助圆外时变为 形状，按住鼠标左键将光标沿辅助圆拖动，就使 3D 视图旋转，旋转轴垂直于屏幕并通过辅助圆心。

③ 水平椭圆形光标 当把光标移动到左、右小圆的位置时变为 形状，此时按住鼠标左键拖动光标，就使视图绕着一个铅垂轴线转动，此旋转轴线经过辅助圆心。

④ 竖直椭圆形光标 将光标移动到上、下两个小圆的位置时变为 形状，此时按住鼠标左键拖动鼠标光标，将使视图绕着一个水平轴线转动，此旋转轴线经过辅助圆心。

当 3DFORBIT 命令激活时，单击鼠标右键，弹出如图 5-13 所示快捷菜单。此菜单中常用选项的功能如下。

图 5-13　快捷菜单

① "其他导航模式"：对三维视图执行平移、缩放操作。

② "缩放窗口"：单击两点指定缩放窗口，AutoCAD 将放大此窗口区域。

③ "范围缩放"：将图形对象充满整个图形窗口显示出来。

④ "缩放上一个"：返回上一个视图。

⑤ "平行模式"：激活平行投影模式。

⑥ "透视模式"：激活透视投影模式，透视图与眼睛观察到的图像极为接近。

⑦ "重置视图"：将当前的视图恢复到激活 3DORBIT 命令时的视图。

⑧ "预设视图"：指定要使用的预定义视图，如左视图、俯视图等。

⑨ "命名视图"：选择要使用的命名视图。

⑩ "视觉样式"：提供以下着色方式。

【概念】：着色对象，效果缺乏真实感，但可以清晰地显示模型细节。

【隐藏】：用三维线框表示模型并隐藏不可见线条。

【真实】：对模型表面进行着色，显示已附着于对象的材质。

【着色】：将对象平面着色，着色的表面较光滑。

【带边框着色】：用平滑着色和可见边显示对象。

【灰度】：用平滑着色和单色灰度显示对象。

【勾画】：用线延伸和抖动边修改器显示手绘效果的对象。

【线框】：用直线和曲线表示模型。

【X 射线】：以局部透明度显示对象。

5.2 创建三维实体模型

创建三维实体和曲面的主要工具都包含在三维制作控制台上，用户利用此控制台可以创建圆柱体、球体及锥体等基本立体。此外，还可以通过拉伸、旋转 2D 对象形成三维实体或曲面。

5.2.1 创建三维基本立体

AutoCAD 能生成长方体、球体、圆柱体、圆锥体、楔形体以及圆环体等基本立体，"建模"面板中包含了创建这些立体的命令按钮，表 5-1 列出了这些按钮的功能及操作时要输入的主要参数。

表 5-1 创建基本立体命令

按钮	功能	输入参数
长方体	创建长方体	指定长方体的一个角点,再输入另一角点的相对坐标
圆柱体	创建圆柱体	指定圆柱体底面中心,输入圆柱体半径及高度
圆锥体	创建圆锥体及圆锥台	指定圆锥体底面的中心点,输入圆锥体底面半径及锥体高度 指定圆锥台底面的中心点,输入圆锥台底面半径、顶面半径及锥体高度
棱锥体	创建棱锥体及棱锥台	指定棱锥体底面边数及中心点,输入棱锥体底面半径及锥体高度 指定棱锥台底面边数及中心点,输入棱锥台底面半径、顶面半径及锥体高度
楔体	创建楔体	指定楔形体的一个角点,再输入另一对角点的相对坐标

按钮	功能	输入参数
球体	创建球体	输入球心，输入球半径
圆环体	创建圆环	指定圆环中心点，输入圆环半径及圆管半径

(1) 创建尺寸如图 5-14 所示的长方体及圆柱体

创建长方体或其他基本立体时，用户也可通过单击一点设定参数的方式来进行绘制。当 AutoCAD 提示输入相关数据时，用户移动鼠标光标到适当位置，然后单击一点，在此过程中立体的外观将显示出来，便于用户初步确定立体形状。绘制完成后，可以用 PROPERTIES 命令显示立体尺寸，并对其修改。

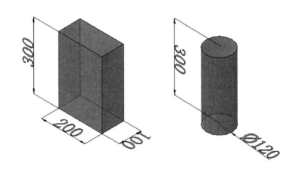

图 5-14　创建长方体和圆柱体

进入"三维建模"工作空间。打开"视图"面板上的"三维导航"下拉列表，选择"西南等轴测图"选项，切换到西南等轴测视图。通过"视图"面板中的"视觉样式"下拉列表设定当前模型显示方式为"概念"。

工作空间设置为"三维建模"。单击"建模"面板上的 ⬛长方体 按钮，AutoCAD 命令提示行提示如下。

命令：_ box

① 在命令行"指定第一个角点或 [中心 (C)]:"（指定长方形的角点，鼠标点击作图区域任意位置）。

② 继续在命令行"指定其他角点 [立方体 (C)/长度 (L)]:"（输入另一角点的坐标@100，200，300）。

单击"建模"面板上的 ⬛圆柱体 按钮，AutoCAD 命令提示行提示如下。

命令：_ cylinder

① 在命令行"指定底面的中心点或 [3 点 (3P)/2 点 (2P)/切点、切点、半径 (T)/椭圆 (E)]:"（指定圆柱体底圆中心鼠标点击作图区域任意位置）。

② 继续在命令行"指定底面半径或 [直径 (D)] <60.0000>:"（输入指定圆柱体半径

60，并按 Enter 键）。

　　③ 继续在命令行"指定高度或［2 点（2P）/轴端点（A）］＜300.0000＞:"（输入指定圆柱体高度 300，并按 Enter 键）。

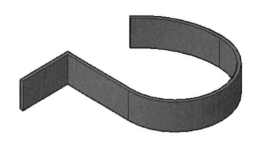

图 5-15　创建多段体

（2）创建如图 5-15 所示多段体

　　使用 POLYSOLID 命令可以像绘制连续折线或画多线段一样创建实体，该实体称为多段体，它看起来是由矩形薄板及圆弧形薄板组成的，板的高度和厚度可以设定。此外，用户还可以利用该命令将已有直线、圆弧及二维多线段等对象创建成多段体。执行"多段体"命令主要有以下几种方式：

　　① 执行菜单栏中的"绘图"—"建模"—"多段体"命令。

　　② 单击"建模"工具栏上的"多线段"命令。

　　③ 在命令行输入 POLYSOLID 按 Enter 键。

　　在系统默认设置下，创建出的多段体宽度为 5、高度为 100 个绘图单位，用户可以根据需要修改默认设置。下面通过简单实例，学习"多段体"命令操作方法。

　　① 将当前视图切换为西南视图，在通过"视图"面板中的"视觉样式"下拉列表设定当前模型显示方式为"概念"。

　　② 采用上述任意方式激活"多段体"命令，在命令行"指定起点或［对象（O）/高度（H）/宽度（W）/对正（J）］＜对象＞:"（提示下输入 H 并按 Enter 键）。

　　③ 继续在命令行"指定高度:"（提示下输入 100 并按 Enter 键）。

　　④ 继续在命令行"指定起点或［对象（O）/高度（H）/宽度（W）/对正（J）］＜对象＞:"（提示下输入 W 并按 Enter 键）。

　　⑤ 继续在命令行"指定宽度:"（提示下输入 10 并按 Enter 键）。

　　⑥ 继续在命令行"指定起点或［对象（O）/高度（H）/宽度（W）/对正（J）］＜对象＞:"（提示下拾取第一点视口任意位置）。

　　⑦ 继续在命令行"指定下一点或［圆弧（A）/放弃（U）］:"（提示下拾取第二点，视口任意位置）；在命令行"指定下一个点或［圆弧（A）/闭合（C）/放弃（U）］:"（提示下拾取第三点，视口任意位置）如图 5-16 所示。

　　⑧ 继续在命令行"指定下一点或［圆弧（A）/闭合（C）/放弃（U）］:"（提示下输入 A 并按 Enter 键）。

　　⑨ 继续在命令行"指定下一点或［闭合（C）/方向（D）/直线（L）第二个点（S）/放弃（U）］:"（提示下在视口任意位置拾取第四点，比例参照图 5-15 所示）。

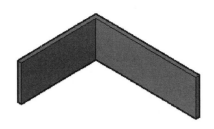

图 5-16　多段体实例

⑩ 继续在命令行"指定下一点或［圆弧（A）/闭合（C）/放弃（U）］：指定圆弧的端点或［闭合（C）/方向（D）/直线（L）第二个点（S）/放弃（U）］："（提示下在视口任意位置拾取第五点，提示下按 Enter 键，结束命令）。

5.2.2　用二维对象构建实体或曲面

(1) 拉伸实体

EXTRUDE 命令可以拉伸二维对象生成 3D 实体或曲面，若拉伸闭合对象，则生成实体，否则生成曲面。操作时，用户可指定拉伸高度值及拉伸对象的锥角，还可沿某一直线或曲线路径进行拉伸。EXTRUDE 命令能拉伸的对象及路径参见表 5-2。实体的面、边及顶点是实体的子对象，按住 Ctrl 键就能选择这些子对象。

表 5-2　拉伸对象及路径

拉伸对象	拉伸路径
直线、圆弧、椭圆弧	直线、圆弧、椭圆弧
二维多线段	二维及三维多线段
二维样条曲线	二维及三维样条曲线
面域	螺旋线
实体上的平面	实体及曲面的边

执行"拉伸"命令主要有以下几种方式。

① 下拉菜单："绘图"—"建模"/"拉伸"。

② 面板："建模"面板上的 按钮。

③ 命令行：EXTRUDE 或简写 EXT。

【实例】　练习使用 EXTRUDE 命令建立如图 5-17（b）的实体和曲面。

将当前视图切换为西南视图，在通过"视图"面板中的"视觉样式"下拉列表设定当前模型显示方式为"概念"。用 EXTRUDE 命令创建实体。

先绘制图形 A 并用命令 创建成面域，再绘制曲线 B，如图 5-17 所示。用命令拉伸面域及多段线，形成实体和曲面。

① 采用上述任意方式激活"拉伸"命令。在命令行"选择要拉伸的对象或［模式（MO）］：找到 1 个"（选择面域 A，如图 5-17 所示，按 Enter 键）。

② 继续在命令行"指定拉伸的高度或［方向（D）/路径（P）/倾斜角（T）/表达式

(E)]:"（提示下输入 20，按 Enter 键）。

③ 单击空格重复命令 EXTRUDE。

④ 在命令行"选择要拉伸的对象或［模式（MO）］：找到 1 个"（选择曲线 B，如图 5-17所示，按 Enter 键）。

⑤ 继续在命令行"指定拉伸的高度或［方向（D）/路径（P）/倾斜角（T）/表达式(E)]:"（提示下输入 20，按 Enter 键）。

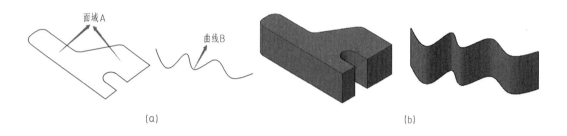

图 5-17　拉伸面域或曲线成实体或曲面

（2）旋转实体

REVOLVE 命令可以旋转二维对象生成 3D 实体，若二维对象是闭合的，则生成实体，否则生成曲面。用户可以通过选择直线、指定两点或 X、Y 轴来确定旋转轴。执行"旋转"命令主要有以下几种方式。

① 下拉菜单："绘图"—"建模"—"旋转"。

② 面板：【建模】面板上的 旋转 按钮。

③ 命令行：REVOLVE 或简写 REV。

【实例】　练习使用 REVOLVE 命令建立如图 5-18 所示的实体。

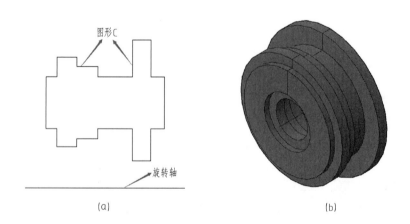

图 5-18　将二维对象旋转成三维实体

① 新建一个空白文件，并将视图切换为前视图，然后应用"多线段"和"直线"命令绘制如图 5-18（a）所示二维图形。

② 将视图切换为西南视图，采用上述任意方式激活"旋转"命令，在命令行"选择要旋转的对象："（提示下选择闭合的边界图形 C，按 Enter 键，结束对象的选择）。

③ 继续在命令行"指定轴起点或根据以下选项之一定义轴［对象（O）X/Y/Z］＜对象＞："（提示下捕捉直线的一个任意一个端点）。

④ 继续在命令行"指定轴端点："（提示下捕捉直线的另一端点）。

⑤ 继续在命令行"指定选择角度或［起点角度（ST)]："（提示下并按 Enter 键，结束操作）。

旋转时命令提示行选项解析详见表 5-3 旋转命令选项解析表。

表 5-3 旋转命令选项解析表

选 项	注 释
模式（MO）	控制旋转动作是创建实体还是曲面
对象（O）	选择直线或实体的线性边为旋转轴，轴的正方向是从拾取点指向最远端点
X、Y、Z	使用当前坐标系的 x、y、z 轴作为旋转轴
起点角度（ST）	指定旋转起始位置与旋转对象所在平面的夹角，角度的正向以右手螺旋法则确定
反转（R）	更改旋转方向，类似于输入－（负）角度值
表达式（EX）	输入公式或方程式，以指定旋转角度

（3）通过扫掠创建实体或曲面

SWEEP 命令可以将平面轮廓沿二维或三维路径进行扫掠形成实体或曲面，若二维轮廓是闭合的，则生成实体，否则生成曲面。扫掠时，轮廓一般会被移动并被调整到与路径垂直的方向。默认情况下，轮廓形心与路径起始点对齐，但也可指定轮廓的其他点作为扫掠对齐点。扫掠时可选择的轮廓对象及路径参见表 5-4。

表 5-4 扫掠轮廓对象及路径

轮廓对象	扫掠路径
直线、圆弧、椭圆弧	直线、圆弧、椭圆弧
二维多线段	二维及三维多线段
二维样条曲线	二维及三维样条曲线
面域	螺旋线
实体上的平面	实体及曲面的边

执行"扫掠"命令主要有以下几种方式。

① 下拉菜单："绘图"—"建模"—"扫掠"。

② 面板："建模"面板上的按钮。

③ 命令行：SWEEP。

【实例】 练习使用 SWEEP 命令建立如图 5-19 所示的实体。

① 新建一个空白文件，并将视图切换为西南等轴测视图，然后应用"多线段"和"样条线"命令绘制如图 5-19（a）所示二维图形。

② 采用上述任意方式激活"扫掠"命令,在命令行"选择要扫掠的对象或[模式(MO)]:"(提示下选择面域 A,按 Enter 键,结束对象的选择)。

③ 继续在命令行"选择扫掠路径或[对齐(A)/基点(B)/比例(S)/扭曲(T)]:"(提示下输入 B 并按 Enter 键)。

④ 继续在命令行"指定基点:"(提示下捕捉如图 5-19 所示基点 B 点)。

⑤ 继续在命令行"选择扫掠路径或[对齐(A)/基点(B)/比例(S)/扭曲(T)]:"(提示下选择路径曲线 C),结果如图 5-19(b)所示。

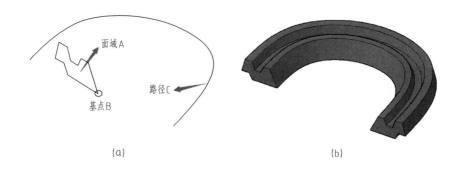

(a)　　　　　　　　　　　　　　　　　(b)

图 5-19　扫掠二维面域成实体

扫掠时命令提示行选项解析详见表 5-5 扫掠命令选项解析表。

表 5-5　扫掠命令选项解析表

选项	注释
模式(MO)	控制扫掠动作是创建实体还是曲面
对齐(A)	指定是否将轮廓调整到与路径垂直的方向或保持原有方向 (默认情况下,AutoCAD 将使轮廓与路径垂直)
基点(B)	指定扫掠时的基点,该点将与路径起始点对齐
比例(S)	路径起始点处轮廓缩放比例为 1,路径结束处缩放比例为输入值,中间轮廓沿路径连续变化,与选择点靠近的路径端点是路径的起始点
扭曲(T)	设定轮廓沿路径扫掠时的扭转角度,角度值小于 360° (该选项包含"倾斜"子选项,可使轮廓随三维路径自然倾斜)

(4)通过放样创建实体或曲面

LOFT 命令可对一组平面轮廓曲线进行放样形成实体或曲面,若所有轮廓是闭合的,则生成实体,否则生成曲面,如图 5-20 所示。注意,放样时,轮廓线或全部闭合或全部开放,不能使用既包含开放轮廓又包含闭合轮廓的选择集。放样时可选择的轮廓对象、路径及导向曲线参见表 5-6。

表 5-6　放样轮廓、路径及导向曲线

轮廓对象	路径及向导曲线
直线、圆弧、椭圆弧	直线、圆弧、椭圆弧
二维多线段	二维及三维多线段
二维样条曲线	二维及三维样条曲线
点对象，仅第一或最后一个放样截面可以是点	二维及三维样条曲线

执行"放样"命令主要有以下几种方式。

① 下拉菜单："绘图"—"建模"—"放样"。

② 面板："建模"面板上的 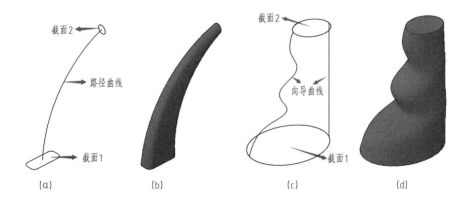放样 按钮。

③ 命令行：LOFT。

【实例】　练习使用 LOFT 命令建立如图 5-20（b）所示的实体。

① 新建一个空白文件，并将视图切换为西南等轴测视图，然后绘制如图 5-20（a）所示二维图形。

② 采用上述任意方式激活"放样"命令，在命令行"按放样次序选择横截面或［点（PO）/合并多条边（J）/模式（MO）]："（提示下分别选择截面 1 和截面 2，按 Enter 键，结束对象的选择）。

③ 继续在命令行"输入选项［导向（G)/路径（P)/仅横截面（C)/设置（S)]＜仅横截面＞："（提示下输入 P 并按 Enter 键）。

④ 继续在命令行"选择路径轮廓："　（提示下选择路径曲线，按 Enter 键），结果如图 5-20（b）所示。

【实例】　练习使用 LOFT 命令建立如图 5-20（d）所示的实体。

图 5-20　通过放样创建三维对象

① 新建一个空白文件，并将视图切换为西南等轴测视图，然后绘制如图 5-20（c）所示二维图形。

② 采用上述任意方式激活"放样"命令，在命令行"按放样次序选择横截面或［点（PO）/合并多条边（J）/模式（MO）]："（提示下分别选择截面 1 和截面 2，按 Enter 键，结束对象的选择）。

③ 继续在命令行"输入选项［导向（G)/路径（P)/仅横截面（C)/设置（S)]＜仅横截

面＞:"（提示下输入 G 并按 Enter 键）。

④ 继续在命令行"选择导向轮廓或［合并多条边（J）］:"（提示下选择向导曲线，按 Enter 键），结果如图 5-20（d）所示。

【特别说明】 放样实体或曲面中间轮廓的形状可利用放样路径控制，如图 5-20（b）所示，放样路径始于第一个轮廓所在的平面，止于最后一个轮廓所在的平面。导向曲线是另一种控制放样形状的方法，将轮廓上对应的点通过导向曲线连接起来，使轮廓按预定方式进行变化，如图 5-20（d）所示。轮廓的导向曲线可以有多条，不过每条导向曲线必须与各轮廓相交，始于第一个轮廓，止于最后一个轮廓。放样时命令提示行选项解析详见表 5-7 放样命令选项解析表。

表 5-7 放样命令选项解析表

选项	注释
点（PO）	如果选择"点"选项，还必须选择闭合曲线
合并多条边（J）	将多个端点相交曲线合并为一个横截面
模式（MO）	控制放样对象是实体还是曲面
导向（G）	利用连接各个轮廓的导向曲线控制放样实体或曲面的截面形状
路径（P）	指定放样实体或曲面的路径，路径要与各个轮廓截面相交
仅横截面（C）	在不使用导向或路径情况下，创建放样对象
设置	显示"放样设置"对话框，在此对话框中可以设置其他相关选项 （1）"直纹"：各轮廓线间是直纹面。 （2）"平滑拟合"：用平滑曲面连接各轮廓线。 （3）"法线指向"：下拉列表中的选项用于设定放样对象表面与各轮廓截面是否垂直。 （4）"拔模斜度"：设定放样对象表面在起始及终止位置处的切线方向与轮廓所在截面的夹角，该角度对放样对象的影响范围由【幅值】文本框中的数值决定，数值的有效范围为 1～10

5.3 综合案例——创建组合体实体模型

【实例】 绘制如图 5-21 所示支撑架的实体模型。

综合组合
实体模型

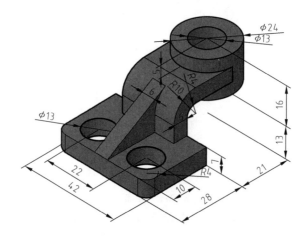

图 5-21 支撑架实体模型

① 创建一个新图形。

② 选择菜单命令【视图】/【三维视图】/【东南等轴测】，切换到东南轴测视图。在 XY 平面绘制底板的轮廓形状（具体尺寸参见图 5-21 所示，下同），并将其创建成面域，结果如图 5-22 所示。

③ 拉伸面域，形成底板的实体模型，结果如图 5-23 所示。

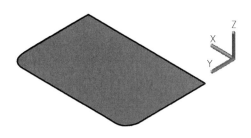

图 5-22　绘制面域

图 5-23　拉伸面域成实体

④ 继续在 XY 平面绘制底板上两个圆孔二维图形，并将其创建成面域，结果如图 5-24 所示。后拉伸面域，长度参考图 5-25 所示。

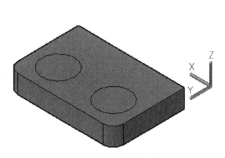

图 5-24　绘制面域

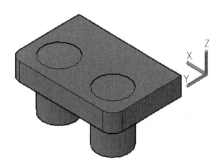

图 5-25　拉伸面域成实体

⑤ 激活 差集 布尔值指令，第一对象选择底板，按 Enter 确定选择；第二对象选择两个圆柱，按 Enter 确定选择，结果如图 5-26 所示。

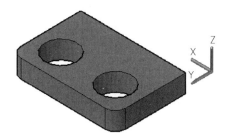

图 5-26　实体布尔差集运算

⑥ 建立新的用户坐标系，在 XY 平面内绘制弯板及三角形筋板的二维轮廓，并将其创建成面域，结果如图 5-27 所示。

⑦ 拉伸上述两个面域，形成弯板及筋板的实体模型，结果如图 5-28 所示。

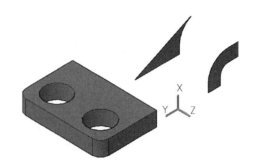

图 5-27　绘制弯板及三角形筋板的二维轮廓

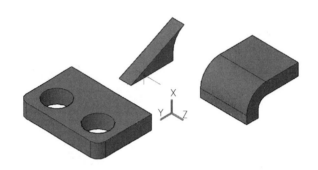

图 5-28　拉伸弯板及三角形筋板实体

⑧ 使用 MOVE 命令将弯板及筋板移动到正确的位置，结果如图 5-29 所示。

图 5-29　移动实体到规定位置

⑨ 建立新的用户坐标系，在 XY 平面内绘制上圆柱的二维图形，并将其创建成面域，结果如图 5-30 所示。后拉伸面域，如图 5-31 所示。

⑩ 使用 MOVE 命令将弯板及筋板移动到正确的位置，结果如图 5-32 所示。

⑪ 建立新的用户坐标系，在 XY 平面内绘制上圆柱的二维图形，并将其创建成面域绘制，结果如图 5-33 所示。后拉伸面域，如图 5-34 所示。

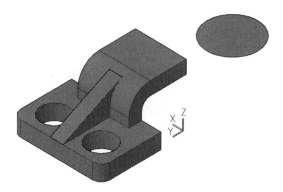

图 5-30 绘制面域（一）

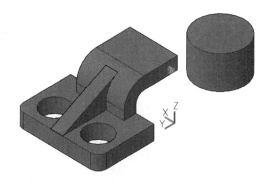

图 5-31 拉伸面域成实体（一）

图 5-32 移动实体到规定位置

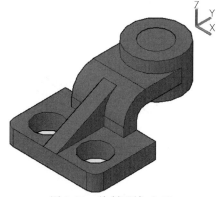

图 5-33 绘制面域（二）

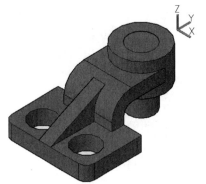

图 5-34　拉伸面域成实体（二）

⑫ 激活⭕差集布尔值指令，第一对象选择外圆柱，按 Enter 确定选择；第二对象选择内圆柱，按 Enter 确定选择，结果如图 5-35 所示。

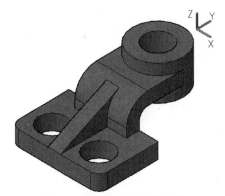

图 5-35　实体布尔差集运算

⑬ 合并底板、弯板、筋板及大圆柱体，使其成为单一实体，结果如图 5-35 所示。

思考与练习

绘制图 5-36～图 5-38 所示图形。

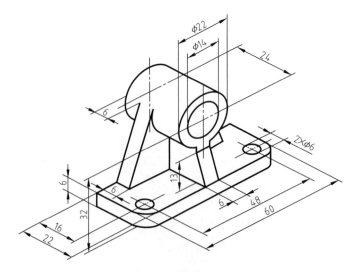

图 5-36　练习（一）

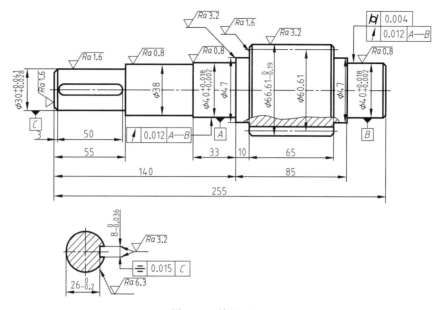

图 5-37　练习（二）

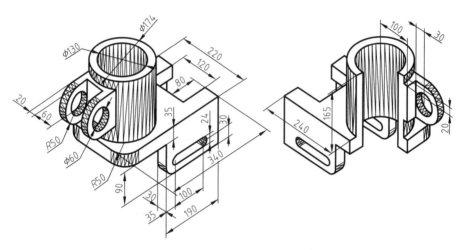

图 5-38　练习（三）

技能与素养

1. 太空中最闪亮的星"天宫"

天宫空间站天和核心舱随舱上行部署的"天和机械臂"备受瞩目。

机械臂级联装置由中国航天科技集团五院研制，包括双臂组合转接件和悬挂装置，其中前者用于大小机械臂的适配连接，具备电气和信息接口，是这套设备的核心部件，被研制人员形象地称为"宇宙级机械臂转接头"；后者则是转接件的存放装置，可以为转接件供电，具有固定转接件的抱抓结构。等到小机械臂随"问天"一起上行至"天宫"，大机械臂就可以先行抓取转接件，再通过转接件的另一端连接小机械臂，像变形金刚一样组成长达 14.5m 的智能机器人，届时无需移动就能实现基本覆盖整个空间站的作业。

要实现这样一套具有高精度作业能力的机械臂，离不开机械设计和专业设计图纸。在实现中华崛起的征途中，装备制造中的各类大国重器扮演着至关重要的作用，而制图与 CAD 又是其中的核心点之一。

2. **职业素养**

本章内容相对于之前的内容难度有所提升，在学习过程中，要培养严于利己、百折不挠的意志与毅力，以及对专业技术精益求精的优秀职业品质。在绘图过程中，要提升自己对难点的分析和问题的解决能力，要学习使用联系的、全面的、发展的观点去看待问题。就如同在人生中遇到的各种磨难与挫折，处理好人生中的各种矛盾与危机，培养积极、健康、向上的人生观。在绘图过程中，培养自己专注、敬业、认真负责的工作态度，踏实、严谨、一丝不苟的工匠精神。

第6章
企业实际案例训练

图 6-1～图 6-7 为企业实际案例图纸，用 AutoCAD 绘制。

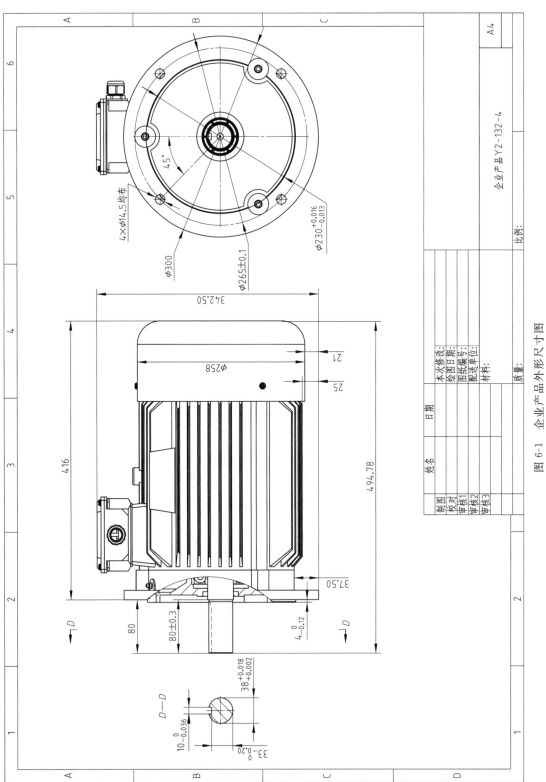

图 6-1 企业产品外形尺寸图

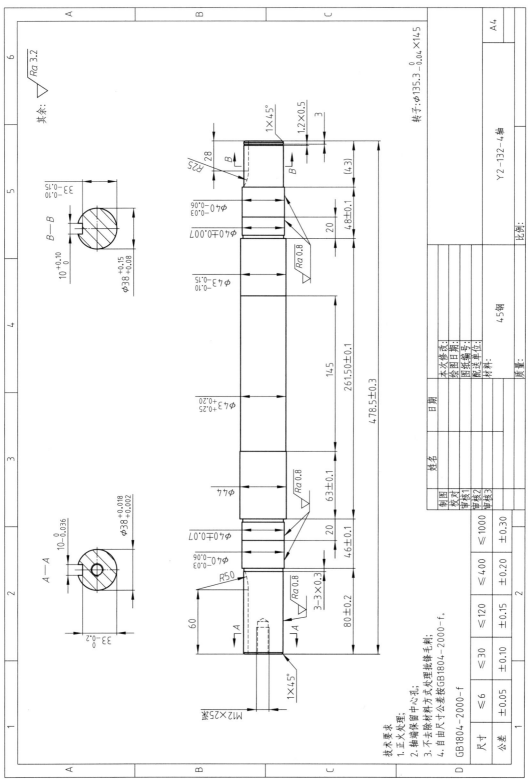

图 6-2　轴

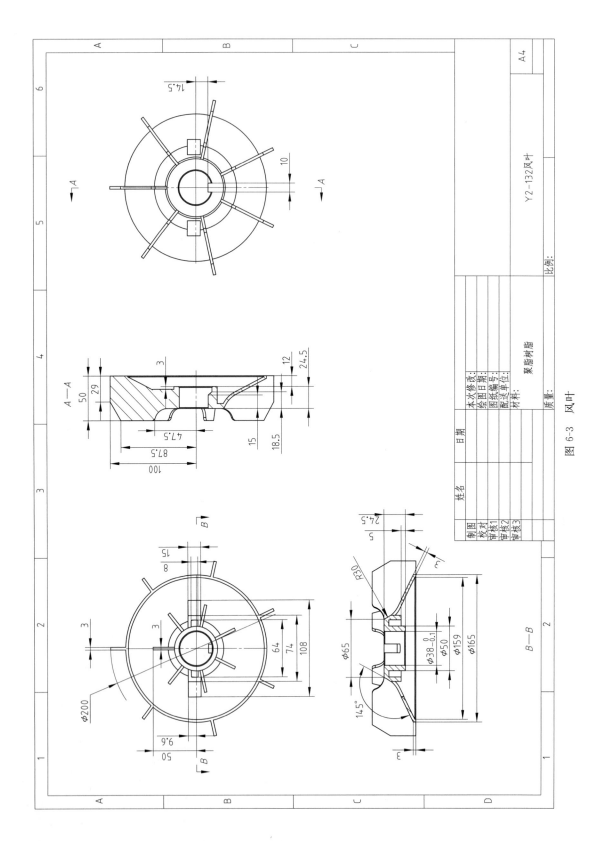

图 6-3 风叶

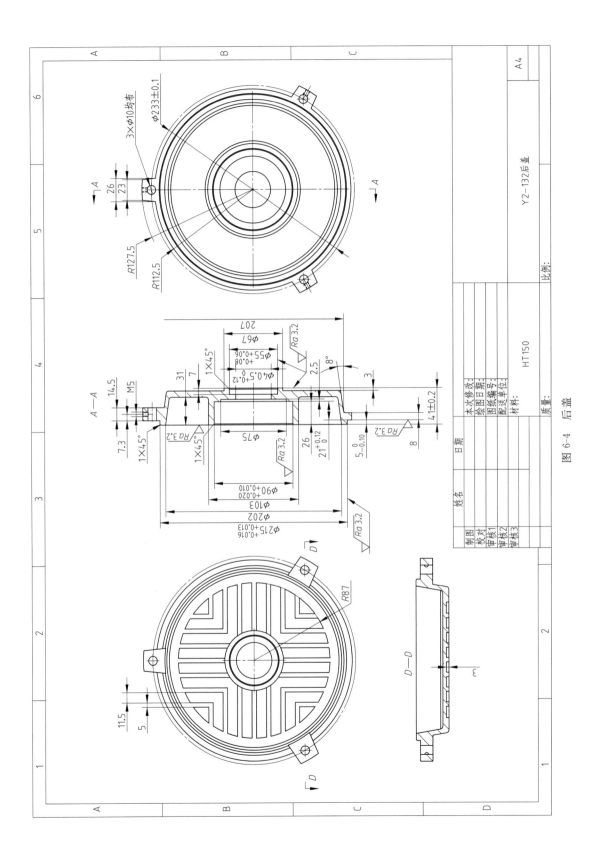

图 6-4　后盖

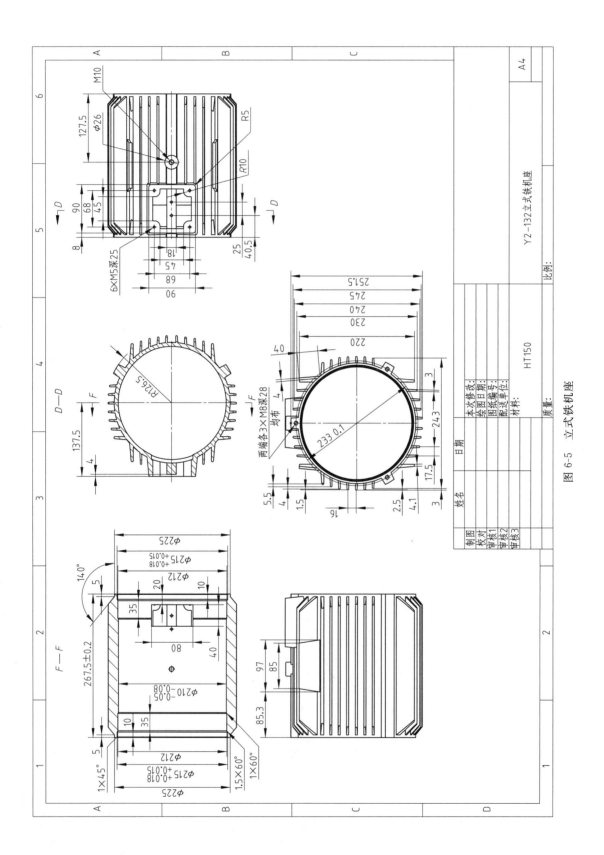

图 6-5 立式铁机座

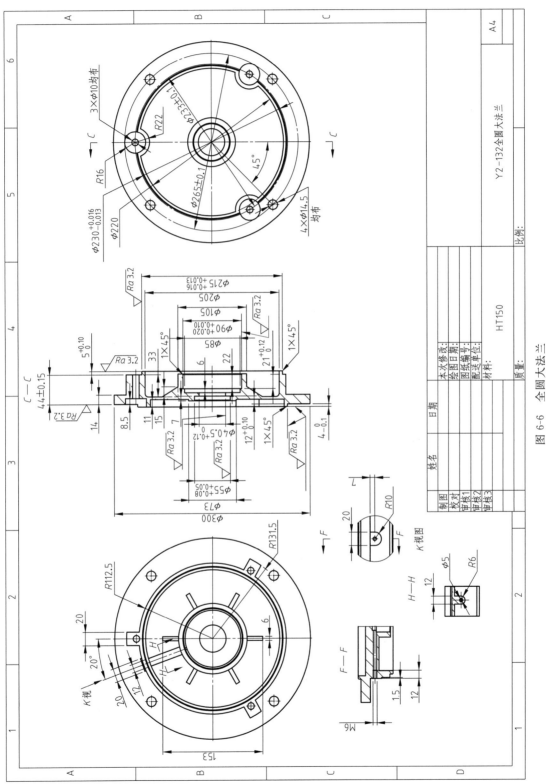

图 6-6 全圆大法兰

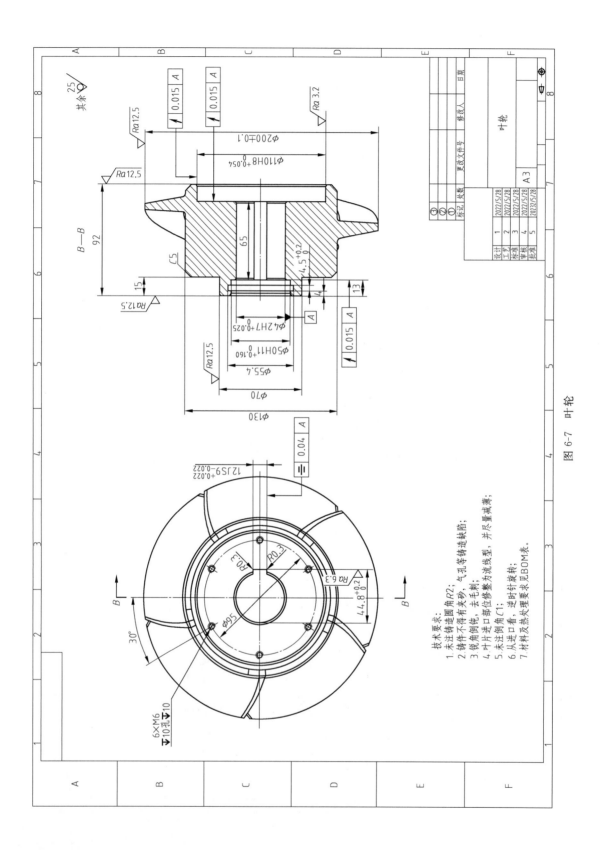

图 6-7 叶轮

附 录

附录1　计算机辅助设计制图员国家职业标准

一、机械类中级鉴定标准

知识要求：

1. 掌握计算机绘图系统的基本组成及操作系统的一般使用知识；

2. 掌握基本图形的生成及编辑的基本方法和知识；

3. 掌握复杂图形（如块的定义与插入、图案填充等）、尺寸、复杂文本等的生成及编辑的方法和知识；

4. 掌握图形的输出及相关设备的使用方法和知识。

技能要求：

1. 具有基本的操作系统使用能力；

2. 具有基本图形的生成及编辑能力；

3. 具有复杂图形（如块的定义与插入、图案填充等）、尺寸、复杂文本等的生成及编辑能力；

4. 具有图形的输出及相关设备的使用能力。

实际能力要求达到：能使用计算机辅助设计绘图与设计软件（AutoCAD）及相关设备以交互方式独立、熟练地绘制产品的二维工程图。

鉴定内容：

（一）文件操作

1. 调用已存在图形文件；

2. 将当前图形存盘；

3. 用绘图机或打印机输出图形。

（二）绘制、编辑二维图形

1. 绘制点、线、圆、圆弧、多段线等基本图素；绘制字符、符号等图素；绘制复杂图形，如块的定义与插入、图案填充、复杂文本输入等。

2. 编辑点、线、圆、圆弧、多段线等基本图素，如删除、恢复、复制、变比等；编辑字符、符号等图素；编辑复杂图形，如插入的块、填充的图案、输入的复杂文本等。

3. 设置图素的颜色、线型、图层等基本属性。

4. 设置绘图界限、单位制、栅格、捕捉、正交等。

5. 标注长度型、角度型、直径型、半径型、旁注型、连续型、基线型尺寸；修改以上各种类型的尺寸；标注尺寸公差。

二、机械类高级鉴定标准

知识要求：

掌握微机绘图系统的基本组成及操作系统的一般使用知识；掌握基本图形的生成及编辑的基本方法和知识。

掌握复杂图形（如块的定义与插入、外部引用、图案填充等）、尺寸、复杂文本等的生成及编辑的基本方法和知识；掌握图形的输出及相关设备的使用方法和知识；掌握三维图形的生成及编辑的基本方法和知识；掌握三维图形到二维视图的转换方法和知识；掌握图纸空间浮动视窗图形显示的方法与知识；掌握软件提供的相应的定制工具的使用方法和知识；掌握形与汉字的定义与开发方法和知识；掌握菜单界面的用户化定义方法和知识；掌握 AutoCAD 软件中各种常用文本文件的格式；掌握 AutoCAD 软件的安装与系统配置方法和知识。

技能要求：

具有基本的操作系统使用能力；具有基本图形的生成及编辑能力；具有复杂图形（如块的定义与插入、外部引用、图案填充等）、尺寸、复杂文本等的生成及编辑能力；具有图形的输出及相关设备的使用能力；具有三维图形的生成及编辑能力；具有三维图形到二维视图的转换能力；具有在图纸空间浮动视窗内调整图形显示的能力；具有软件提供的相应的定制工具的使用能力；具有形与汉字的定义与开发能力；具有菜单界面的用户化定义能力；具有基本读懂 Auto-CAD 软件中各种常用文本文件的能力；具有 AutoCAD 软件的安装与系统配置的能力。

附录 2　计算机辅助设计制图员（机械)中级理论知识试卷样题

注　意　事　项

1. 考试时间：120 分钟。

2. 本试卷依据《制图员（机械）国家职业标准》命制。

3. 请首先按要求在试卷的标封处填写您的姓名、准考证号和所在单位的名称。

4. 请仔细阅读各种题目的回答要求，在规定的位置填写您的答案。

5. 不要在试卷上乱写乱画，不要在标封区填写无关的内容。

一、单项选择（第 1 题～第 160 题。选择一个正确的答案，将相应的字母填入题内的括号中。每题 0.5 分，满分 80 分。)

1. 局部视图是（　　）的基本视图。

A. 完整　　　　　B. 不完整　　　　　C. 某一方向　　　　　D. 某个面

2. 某一产品的图样，有一部分图纸的图框为留有装订边，有一部分图纸的图框为不留装订边，这种做法是（　　）。

A. 正确的　　　　　B. 错误的　　　　　C. 无所谓　　　　　D. 允许的

3. 一张完整的装配图应包括一组视图、必要的尺寸、技术要求、（　　）和标题栏以及明细表。

A. 标准件的代号　　B. 零部件的序号　　C. 焊接件的符号　　D. 连接件的编号

4. 以下应用软件不属于计算机绘图软件的是（　　）

A. WORD　　　　　B. MDT　　　　　C. AUTO CAD　　　　D. CAXA 电子图板

5. 沿轴测量是绘制（　　）的要领。

A. 三视图　　　　　B. 主视图　　　　　C. 轴测图　　　　　D. 剖视图

6. （　　）就是要不断学习，勇于创新。

A. 爱岗敬业　　　　B. 注重信誉　　　　C. 团结协作　　　　D. 积极进取

7. 圆规使用铅芯的硬度规格要比画直线的铅芯（　　）。

A. 软一级　　　　　B. 软二级　　　　　C. 硬一级　　　　　D. 硬二级

8. 有2个轴的轴向变形系数相等的斜轴测投影称为（　　）。

A. 斜二测　　　　　B. 正二测　　　　　C. 正等测　　　　　D. 正三测

9. 叉架类零件通常由（　　）组成，形状比较复杂且不规则，零件上常有叉形结构、肋板和孔、槽等。

A. 下层部分、上层部分及连接部分　　　B. 工作部分、支承部分及连接部分
C. 主要部分、次要部分及连接部分　　　D. 拨叉部分、支架部分及连接部分

10. 对成套图纸进行管理的条件是：图纸中必须有反映产品（　　）的装配图。

A. 装配质量　　　　B. 装配关系　　　　C. 装配精度　　　　D. 装配要求

11. 中心投影法的投射中心位于（　　）处。

A. 投影面　　　　　B. 投影物体　　　　C. 无限远　　　　　D. 有限远

12. 正等轴测图的轴间角分别为（　　）。

A. 97°、131°、132°　　　　　　　　B. 120°、120°、120°
C. 90°、135°、135°　　　　　　　　D. 45°、110°、205°

13. （　　）一般包括计时工资、计件工资、奖金、津贴和补贴、延长工作时间的工资报酬及特殊情况下支付的工资。

A. 岗位津贴　　　　B. 劳动收入　　　　C. 工资　　　　　　D. 劳动报酬

14. 职业道德是制图员自我完善的（　　）。

A. 重要条件　　　　B. 充分条件　　　　C. 先决条件　　　　D. 必要条件

15. 图形输出设备有打印机、绘图机、（　　）等。

A. 显示器　　　　　B. 扫描仪　　　　　C. 键盘　　　　　　D. 软盘

16. 国家标准规定了公差带由标准公差和基本偏差两个要素组成。标准公差确定公差带大小，基本偏差确定（　　）。

A. 偏差数值　　　　B. 偏差等级　　　　C. 公差带位置　　　　D. 公差带方向

17. 零件图上，对铸造圆角的尺寸标注可在（　　）用"未注铸造圆角R×～R×"方式标注。

A. 技术要求中　　　B. 尺寸界线上　　　C. 标题栏内　　　　D. 明细表中

18. 图纸中斜体字字头向右倾斜，与（　　）成75°角。

A. 竖直方向　　　　B. 水平基准线　　　C. 图纸左端　　　　D. 图框右侧

19. 绘制（　　），一般采用简化变形系数来绘制。

A. 左视图　　　　　　B. 透视图　　　　　　C. 三视图　　　　　　D. 轴测轴

20. 常用的螺纹紧固件有螺栓、螺柱、（　　）和垫圈等。

A. 螺钉、螺片　　　　B. 螺锥、螺母　　　　C. 螺钉、螺母　　　　D. 内螺、外螺

21. 六个基本视图的投影关系是（　　）视图高平齐。

A. 主、俯、后、右　　　　　　　　　B. 主、俯、后、仰

C. 主、俯、右、仰　　　　　　　　　D. 主、左、右、后

22. 箱壳类零件长、宽、高三个方向的主要（　　）通常选用轴孔中心线、对称平面、结合面和较大的加工平面。

A. 安装基准　　　　　B. 尺寸基准　　　　　C. 读图基准　　　　　D. 表达基准

23. 点的正面投影反映（　　）坐标。

A. x、z　　　　　　　B. y、z　　　　　　　C. x、y　　　　　　　D. y、z

24. 在正二等轴测图中，有 2 个轴的轴向伸缩系数相同，取（　　）。

A. 0.94　　　　　　　B. 1　　　　　　　　　C. 1.22　　　　　　　D. 0.82

25. 在机器或部件设计过程中，一般先画出（　　）。

A. 零件图　　　　　　B. 主视图　　　　　　C. 装配图　　　　　　D. 三视图

26. 标注管螺纹的代号时，不能将管螺纹的代号标注在螺纹大径的尺寸线上，而是（　　）用引出线标注。

A. 以说明的方式　　　B. 以绘图的方式　　　C. 以旁注的方式　　　D. 以明细的方式

27. 在（　　）轴测图中，其中 1 个轴间角取 90°。

A. 正二等　　　　　　B. 斜二等　　　　　　C. 正等测　　　　　　D. 正三测

28. 产品树的作用是反映产品的（　　）。

A. 性能特性　　　　　B. 技术要求　　　　　C. 装配关系　　　　　D. 加工属性

29. 一般位置直线倾斜于（　　）投影面。

A. 四个　　　　　　　B. 三个　　　　　　　C. 二个　　　　　　　D. 一个

30. 平面与圆锥相交且平面平行于圆锥轴线时，截交线形状为（　　）。

A. 圆　　　　　　　　B. 椭圆　　　　　　　C. 抛物线　　　　　　D. 双曲线

31. 绘制（　　）的正等轴测图时，可采用基面法。

A. 椭圆　　　　　　　B. 圆　　　　　　　　C. 视图　　　　　　　D. 棱柱或圆柱体

32. 圆弧连接的要点是求（　　）、求切点、画圆弧。

A. 圆弧　　　　　　　B. 圆心　　　　　　　C. 切线　　　　　　　D. 交线

33. 图纸管理系统中，自动生成产品树的第一步是（　　）。

A. 建立零件目录集　　　　　　　　　B. 建立产品路径集

C. 建立零件明细表　　　　　　　　　D. 建立产品目录集

34. 画圆柱的正等轴测图，要先作出（　　）轴测图。

A. 顶面　　　　　　　B. 底面　　　　　　　C. 高度　　　　　　　D. 两端面圆

35. （　　）不属于典型的微型计算机绘图系统的组成部分。

A. 程序输入设备　　　B. 图形输入设备　　　C. 图形输出设备　　　D. 主机

36. 在斜轴测投影中，投影线与轴测投影面是（　　）。

A. 垂直的　　　　　　B. 倾斜的　　　　　　C. 平行的　　　　　　D. 相交的

37. （　　）就是用鼠标对特征点进行搜索和锁定，以便快速、准确地使用它们。

A. 智能捕捉　　　　　　　　　　　　　B. 目标（工具点）捕捉

C. 目标查询　　　　　　　　　　　　　D. 栅格捕捉

38. （　　）变换为投影面垂直面时，设立的新投影轴必须垂直于平面中的一直线。

A. 正平面　　　　　B. 平行面　　　　　C. 一般位置平面　　　　D. 水平面

39. 图纸管理系统可以对成套图纸按照指定的路径自动搜索文件、提取数据、建立（　　）。

A. 产品树　　　　　B. 产品说明书　　　C. 零件目录　　　　　　D. 零件明细表

40. 剖视图中剖切面分为单一剖切面、几个平行的剖切面、（　　）、组合剖切面和斜剖剖切面五种。

A. 全剖切面　　　　B. 旋转剖切面　　　C. 局部剖切面　　　　　D. 两相交剖切面

41. （　　）零件主要起包容、支承其他零件的作用，常有内腔、轴承孔、凸台、肋、安装板、光孔、螺纹孔等结构。

A. 轴套类　　　　　B. 盘盖类　　　　　C. 叉架类　　　　　　　D. 箱壳类

42. 当前层就是当前正在进行操作的（　　）。

A. 中心层　　　　　B. 虚线层　　　　　C. 线层　　　　　　　　D. 图层

43. 截平面与圆柱轴线（　　）时截交线的形状是矩形。

A. 相交　　　　　　B. 倾斜　　　　　　C. 垂直　　　　　　　　D. 平行

44. 图纸管理系统可以对（　　）图纸按照指定的路径自动搜索文件、提取数据、建立产品树。

A. 单张　　　　　　B. 指定　　　　　　C. 成套　　　　　　　　D. 任意

45. 制图国家标准规定，图纸的标题栏（　　）配置在图框的右下角位置。

A. 不得　　　　　　B. 不必　　　　　　C. 必须　　　　　　　　D. 可以

46. 画正等轴测剖视图，可先画物体（　　）的正等轴测图。

A. 平面图　　　　　B. 三视图　　　　　C. 完整　　　　　　　　D. 局部

47. （　　）一个投影面同时倾斜于另外两个投影面的直线称为投影面平行线。

A. 平行于　　　　　B. 垂直于　　　　　C. 倾斜于　　　　　　　D. 相交于

48. 绘制组合体的（　　）时，可选用叠加法。

A. 正等轴测图　　　B. 三视图　　　　　C. 剖视图　　　　　　　D. 主视图

49. 画支架的正等轴测图，一般采用叠加法，画出各基本体的（　　）。

A. 主视图　　　　　B. 三视图　　　　　C. 投影图　　　　　　　D. 正等轴测图

50. 尺寸界线应由图形的（　　）处引出，也可利用轮廓线、轴线或对称中心线作尺寸界线。

A. 边框线、轴线或可见轮廓线　　　　　B. 轮廓线、轴线或对称中心线

C. 引出线、中心线或波浪线　　　　　　D. 作图线、轴线或断裂边界线

51. 利用辅助平面法求两曲面立体相贯线时，其所作辅助平面应（　　）某一基本投影面。

A. 垂直于　　　　　B. 平行于　　　　　C. 倾斜于　　　　　　　D. 相交于

52. 平面与圆锥孔相交，且平面通过圆锥孔锥顶时，截交线形状为（　　）。

A. 椭圆　　　　　　B. 双曲线　　　　　C. 三角形　　　　　　　D. 抛物线

53. 采用（　　　）时，螺栓直径为 d，平垫圈外径为 $2.2d$，内径为 $1.1d$，厚度为 $0.15d$。

　　A. 规定画法　　　　　B. 夸大画法　　　　　C. 比例画法　　　　　D. 简化画法

54. 投影变换中，（　　　）必须垂直于原投影面体系中的一个投影面。

　　A. 新投影面　　　　　B. 侧投影面　　　　　C. 旧投影面　　　　　D. 正投影面

55. 相贯线是两立体表面的共有线，是（　　　）立体表面的共有点的集合。

　　A. 一个　　　　　　　B. 两个　　　　　　　C. 三个　　　　　　　D. 四个

56. 四心圆法画椭圆，小圆的圆心在（　　　）。

　　A. 短轴上　　　　　　B. 长轴上　　　　　　C. 共轭直径上　　　　D. 圆心上

57. 组合体的组合形式分有（　　　）种。

　　A. 一　　　　　　　　B. 二　　　　　　　　C. 三　　　　　　　　D. 四

58. 叉架类零件一般需要两个以上基本视图表达，常以工作位置为主视图，反映主要形状特征。（　　　）采用局部视图或斜视图，并用剖视图、断面图、局部放大图表达局部结构。

　　A. 连接部分和细部结构　　　　　　　　B. 工作部分和支承结构

　　C. 底座部分和倾斜结构　　　　　　　　D. 主要部分和次要结构

59. 画切割体的（　　　），可先画其基本体的正等轴测图。

　　A. 三视图　　　　　　B. 零件图　　　　　　C. 装配图　　　　　　D. 正等轴测图

60. 配合的种类有间隙配合、（　　　）、过渡配合三种。

　　A. 无隙配合　　　　　B. 过紧配合　　　　　C. 过松配合　　　　　D. 过盈配合

61. 图样上标注的尺寸，一般应由尺寸界线、（　　　）、尺寸数字组成。

　　A. 尺寸线　　　　　　　　　　　　　　　B. 尺寸箭头

　　C. 尺寸箭头及其终端　　　　　　　　　　D. 尺寸线及其终端

62. 投影面垂直面垂直于（　　　）投影面。

　　A. 四个　　　　　　　B. 三个　　　　　　　C. 二个　　　　　　　D. 一个

63. 用计算机绘图时，要想放大或缩小实体实际尺寸应使用（　　　）命令。

　　A. 显示缩放　　　　　B. 旋转　　　　　　　C. 比例缩放　　　　　D. 镜像

64. 对计算机绘制的图形，系统可使用（　　　）命令得到两点之间的距离。

　　A. 手工计算　　　　　B. 绘图关系　　　　　C. 查询命令　　　　　D. 计算公式

65. 装配图中当剖切平面纵剖螺栓、螺母、垫圈等紧固件及实心件时，按（　　　）绘制。

　　A. 全剖　　　　　　　B. 半剖　　　　　　　C. 不剖　　　　　　　D. 局剖

66. 表面粗糙度的代号应标注在可见轮廓线、尺寸线、尺寸界线或它们的延长线上，其中（　　　）必须从材料外指向材料表面。

　　A. 参数的字母　　　　B. 代号的参数　　　　C. 符号的尾端　　　　D. 符号的尖端

67. 另存文件是将（　　　）的文件重新命名或存储在其他位置。

　　A. 未存储在磁盘上　　　　　　　　　　　B. 已存储在磁盘上

　　C. 不在内存中　　　　　　　　　　　　　D. 已在内存中

68. 空间直线与投影面的相对位置关系有（　　　）、投影面垂直线和投影面平行线 3 种。

　　A. 倾斜线　　　　　　B. 水平线　　　　　　C. 正垂线　　　　　　D. 一般位置直线

69. 机械图样中常用的（　　　）有粗实线、细实线、虚线、波浪线等。

A. 图线线型　　　　　B. 图框格式　　　　　C. 剖面轨迹　　　　　D. 尺寸界线

70. 为了生产上的方便，国家标准规定两种配合基准制，即（　　）。

A. 基孔制和基轴制　　　　　　　　B. 基准孔和基准轴

C. 基本孔和基本轴　　　　　　　　D. 孔轴制和轴孔制

71. A、B、C……点的正面投影用（　　）表示。

A. a、b、c……　　　　　　　　　B. a′、b′、c′……

C. a″、b″、c″……　　　　　　　　D. A、B、C……

72. 看尺寸数字，要确认每个尺寸的（　　）。

A. 数字大小　　　　B. 起点　　　　C. 方向　　　　D. 角度

73. 在计算机绘图中，图层的状态包括，层名、线型、颜色、打开或关闭以及（　　）等。

A. 是否为绘图层　　B. 是否为当前层　　C. 是否为尺寸层　　D. 是否可用

74. 标注（　　）时，尺寸数字一律水平写，尺寸界线沿径向引出，尺寸线画成圆弧，圆心是角的顶点。

A. 角度尺寸　　　　B. 线性尺寸　　　　C. 直径尺寸　　　　D. 半径尺寸

75. 表面粗糙度（　　）中应用最广泛的轮廓算术平均偏差用 Ra 代表。

A. 主要技术指标　　B. 次要技术指标　　C. 主要评定参数　　D. 次要评定参数

76. （　　）就是当前正在进行操作的图层。

A. 当前图形　　　　B. 当前层　　　　C. 可见层　　　　D. 操作层

77. 画切割体的正等轴测图，可先画其基本体的正等轴测图，然后用（　　）逐一切割基本体。

A. 剖切平面　　　　B. 断面　　　　C. 辅助平面　　　　D. 切割平面

78. 画开槽圆柱体的（　　）一般采用切割法。

A. 主视图　　　　B. 正等轴测图　　　　C. 圆　　　　D. 斜视图

79. 轴测剖视图的 1/4 剖切，在三视图中是（　　）。

A. 全剖　　　　B. 局部剖　　　　C. 断面　　　　D. 半剖

80. 同心圆法是已知椭长短轴作（　　）的精确画法。

A. 圆锥　　　　B. 圆柱　　　　C. 椭圆　　　　D. 圆球

81. 表面粗糙度代号中数字的方向必须与图中尺寸数字的方向（　　）。

A. 略左　　　　B. 略右　　　　C. 一致　　　　D. 相反

82. 画支架的正等轴测图，一般采用（　　）。

A. 叠加法　　　　B. 换面法　　　　C. 辅助平面法　　　　D. 辅助线法

83. 画螺柱连接装配图时，应注意螺柱旋入端的长度 b_m 与（　　）有关，b_m 长度取 d、$1.25d$、$1.5d$、$2d$ 四种。

A. 连接方式　　　　B. 机体材料　　　　C. 装配关系　　　　D. 尺寸大小

84. 图样中尺寸数字不可被任何图线所通过，当不可避免时，必须把（　　）断开。

A. 尺寸线　　　　B. 尺寸界线　　　　C. 图线　　　　D. 数字

85. 画图时，铅笔在前后方向应与纸面垂直，而且向画线前进方向倾斜约（　　）。

A. 15°　　　　B. 30°　　　　C. 45°　　　　D. 60°

86. 采用比例画法时，螺栓直径为 d，螺栓头厚度为 $0.7d$，螺纹长度为 $2d$，六角头画法同（　　）。

  A. 螺栓   B. 螺柱   C. 螺钉   D. 螺母

  87. 球面与圆锥相交，当相贯线的形状为圆时，说明圆锥轴线（　　）。

  A. 通过球心   B. 偏离球心   C. 不过球心   D. 铅垂放置

  88. 采用比例画法时，六角螺母内螺纹大径为 D，六边形长边为 $2D$，（　　），螺母厚度为 $0.8D$，倒角形成的圆弧投影半径分别为 $1.5D$、D、r。

  A. 倒角圆直径为 $1.6D$ B. 倒角圆直径为 $1.8D$

  C. 倒角圆与六边形内切   D. 倒角圆与六边形外切

  89. 对于零件上用钻头钻出的（　　），画图时锥角一律画成 120°。钻孔深度是指圆柱部分的深度，不包括锥坑。

  A. 平面或阶梯面   B. 光孔或安装孔

  C. 不通孔或阶梯孔   D. 通孔或阶梯孔

  90. 正垂线平行于（　　）投影面。

  A. V、H   B. H、W   C. V、W   D. V

  91. 零件图中一般的退刀槽可按"槽宽×直径"或"（　　）"的形式标注尺寸。

  A. 槽宽＋槽深 B. 槽宽－槽深 C. 槽宽×槽深 D. 槽深×槽宽

  92. 常用的螺纹紧固件有螺栓、（　　）、螺钉、螺母和垫圈等。

  A. 无头螺栓   B. 双头螺柱   C. 螺杆   D. 螺柱

  93. 正等轴测图的轴间角一共有（　　）个。

  A. 1   B. 2   C. 3   D. 4

  94. 装配图中当剖切平面（　　）螺栓、螺母、垫圈等紧固件及实心件时，按不剖绘制。

  A. 纵剖   B. 横剖   C. 局剖   D. 半剖

  95. 尺寸线终端形式有箭头和（　　）两种形式。

  A. 圆点   B. 圆圈   C. 直线   D. 斜线

  96. 画轴测剖视图，不论物体是否对称，均假想用两个相互（　　）的剖切平面将物体剖开，然后画出其轴测剖视图。

  A. 垂直   B. 平行   C. 倾斜   D. 相交

  97. 用叠加法绘制（　　）的正等轴测图，先用形体分析法将组合体分解成若干个基本体。

  A. 基本体   B. 切割体   C. 组合体   D. 圆柱体

  98. 一张 A0 幅面图纸相当于（　　）张 A3 幅面图纸。

  A. 5   B. 6   C. 7   D. 8

  99. 斜视图适用于机件上与基本投影面（　　）的结构。

  A. 平行   B. 倾斜   C. 垂直   D. 相交

  100. 采用比例画法时，螺栓直径为 d，螺栓头厚度为 $0.7d$，螺纹长度为（　　），六角头画法同螺母。

  A. $1d$ B. $2d$ C. $3d$ D. $4d$

  101. 互相垂直的 3 根（　　）坐标轴在轴测投影面的投影称为轴测轴。

  A. 倾斜   B. 交叉   C. 相交   D. 直角

102. 球体截交线的形状总是（　　　）。

A. 椭圆　　　　　　　　B. 矩形　　　　　　　　C. 圆　　　　　　　　D. 三角形

103. 画正六棱柱的正等轴测图，看不见的线（　　　）。

A. 画成虚线　　　　　B. 画成点画线　　　　C. 不画　　　　　　　D. 画成粗点画线

104. 在正等轴测图中，当圆平行于 YOZ 坐标面时，其椭圆的短轴与（　　　）重合。

A. O_1Z_1　　　　　　　　　　　　　　B. O_1Y_1

C. O_1X_1　　　　　　　　　　　　　　D. Y_1Z_1

105. 圆锥体截交线的种类有（　　　）种。

A. 1　　　　　　　　　B. 3　　　　　　　　　C. 5　　　　　　　　　D. 7

106. 正等轴测图由于作图简便，3 个方向的表现力相等，是最常用的一种绘制（　　　）的方法。

A. 三视图　　　　　　B. 平面图　　　　　　C. 剖视图　　　　　　D. 轴测图

107. 截平面与立体表面的（　　　）称为截交线。

A. 交线　　　　　　　B. 轮廓线　　　　　　C. 相贯线　　　　　　D. 过渡线

108. 画螺钉连接装配图时，螺钉的螺纹终止线应画在螺纹孔口（　　　）。

A. 之前　　　　　　　B. 之后　　　　　　　C. 之上　　　　　　　D. 之下

109. "四心法"画椭圆，要准确定出（　　　）间的分界点是绘制椭圆的注意点。

A. 坐标轴　　　　　　B. 坐标面　　　　　　C. 圆　　　　　　　　D. 圆弧

110. 绘制正等轴测图，首先在投影图中画出物体上的（　　　）。

A. 交线　　　　　　　B. 圆　　　　　　　　C. 直角坐标系　　　　D. 三视图

111. 3 根轴测轴的轴向变形系数都相等的正轴测图称为（　　　）轴测图。

A. 正二等　　　　　　B. 正三等　　　　　　C. 斜二等　　　　　　D. 正等

112. 叉架类零件一般需要两个以上基本视图表达，常以工作位置为主视图，反映主要形状特征。连接部分和细部结构采用局部视图或斜视图，并用剖视图、断面图、局部放大图表达（　　　）。

A. 主要结构　　　　　B. 局部结构　　　　　C. 内部结构　　　　　D. 外形结构

113. 画组合体的正等轴测图，均需对组合体进行（　　　）。

A. 形体分析　　　　　B. 线面分析　　　　　C. 相交性质分析　　　D. 叠加形式分析

114. 点的（　　　）投影与水平投影的连线垂直于 X 轴。

A. 右面　　　　　　　B. 侧面　　　　　　　C. 正面　　　　　　　D. 左面

115. 两直径不等的圆柱与圆锥正交时，相贯线一般是一条封闭的（　　　）。

A. 圆曲线　　　　　　B. 椭圆曲线　　　　　C. 空间曲线　　　　　D. 平面曲线

116. 截平面与圆柱体轴线垂直时截交线的形状是（　　　）。

A. 圆　　　　　　　　B. 矩形　　　　　　　C. 椭圆　　　　　　　D. 三角形

117. 投影面垂直面变换为投影面平行面时，设立的（　　　）必须平行于平面积聚为直线的那个投影。

A. 旧投影轴　　　　　B. 新投影轴　　　　　C. 新投影面　　　　　D. 旧投影面

118. 零件图中一般的（　　　）可按"槽宽×直径"或"槽宽×槽深"的形式标注尺寸。

A. 键槽　　　　　　　B. 越程槽　　　　　　C. 退刀槽　　　　　　D. 定位槽

119. 零件图中一般的退刀槽可按"（　　　）"或"槽宽×槽深"的形式标注尺寸。

A. 直径×槽宽　　　　B. 槽宽×直径　　　　C. 槽宽＋直径　　　　D. 槽宽－直径

120. 一般应在剖视图的上方用大写字母标出剖视图的名称"×—×"，在相应视图上用（　　）表示剖切位置，用箭头表示投影方向，并注上相同的字母。

A. 剖切符号　　　　B. 剖面符号　　　　C. 剖视符号　　　　D. 细实线

121. 两曲面立体相交，其表面交线称为（　　）。

A. 相贯线　　　　B. 截交线　　　　C. 平面曲线　　　　D. 空间曲线

122. 点的投影变换中，（　　）到新坐标轴的距离等于旧投影到旧坐标轴的距离。

A. 旧投影　　　　B. 新投影　　　　C. 正投影　　　　D. 侧投影

123. 制图标准规定，剖视图分为（　　）、半剖视图、局部剖视图。

A. 旋转剖视图　　　　B. 全剖视图　　　　C. 阶梯剖视图　　　　D. 复合剖视图

124. 两直径不等的圆柱正交时，相贯线一般是一条封闭的（　　）。

A. 圆曲线　　　　B. 椭圆曲线　　　　C. 空间曲线　　　　D. 平面曲线

125. 视图中的一条图线，可以是（　　）的投影。

A. 长方体　　　　B. 圆柱体　　　　C. 圆锥体　　　　D. 投影面垂直面

126. 正等轴测图中（　　）个轴的轴向变形系数是一样的。

A. 1　　　　B. 2　　　　C. 3　　　　D. 6

127. 为了生产上的方便，国家标准规定两种（　　），即基孔制和基轴制。

A. 基本配合制　　　　B. 配合基准制　　　　C. 生产配合制　　　　D. 基准配合制

128. 互相垂直的3根直角坐标轴在（　　）的投影称为轴测轴。

A. 正面　　　　B. 水平面　　　　C. 侧平面　　　　D. 轴测投影面

129. 正等轴测图的轴间角角度之和是（　　）。

A. 100°　　　　B. 200°　　　　C. 360°　　　　D. 720°

130. 斜二测的轴间角分别为（　　）。

A. 97°、131°、132°　　　　B. 120°、120°、120°

C. 90°、135°、135°　　　　D. 45°、110°、205°

131. 绘制正等轴测图，首先在投影图中画出（　　）上的直角坐标系。

A. 左视图　　　　B. 物体　　　　C. 投影图　　　　D. 三视图

132. 绘制正等轴测图，一般不画（　　）。

A. 椭圆　　　　B. 相贯线　　　　C. 截交线　　　　D. 虚线

133. 画切割体的正等轴测图，可先画其（　　）的正等轴测图。

A. 基本体　　　　B. 切割体　　　　C. 组合体　　　　D. 圆柱体

134. 画切割体的（　　），可先画其基本体的正等轴测图。

A. 三视图　　　　B. 正等轴测图　　　　C. 主视图　　　　D. 装配图

135. 曲面基本体的特征是至少有一个表面是（　　）。

A. 圆柱面　　　　B. 曲面　　　　C. 圆锥面　　　　D. 球面

136. 画切割体的正等轴测图，可先画其基本体的（　　）。

A. 主视图　　　　B. 三视图　　　　C. 正等轴测图　　　　D. 透视图

137. 求相贯线的基本方法是（　　）法。

A. 表面取点　　　　B. 辅助投影　　　　C. 辅助平面　　　　D. 辅助直线

138. 读组合体三视图时的基本方法是形体分析法和（　　）。

A. 形体分解法   B. 形体组合法   C. 线面分析法   D. 空间想象法

139. 物体由上向下投影，在水平投影面得到的视图，称为（   ）。

A. 俯视图   B. 主视图   C. 左视图   D. 向视图

140. 球体的表面可以看作是由（   ）条半圆母线绕其直径回转而成。

A. 1   B. 2   C. 3   D. 4

141. 锥度的标注包括指引线、（   ）、锥度值。

A. 锥度   B. 符号   C. 锥度符号   D. 字母

142. 截平面与圆柱轴线倾斜时（   ）的形状是椭圆。

A. 过渡线   B. 截交线   C. 相贯线   D. 轮廓线

143. （   ）基本体的特征是每个表面都是平面。

A. 圆锥   B. 圆柱   C. 平面   D. 多边形

144. 重合断面图的轮廓线用（   ）绘制。

A. 粗实线   B. 细实线   C. 波浪线   D. 细点画线

145. 截平面与（   ）轴线垂直时截交线的形状是圆。

A. 棱锥   B. 圆柱   C. 椭圆柱   D. 棱柱

146. 点的正面投影与水平投影的连线垂直于（   ）轴。

A. Y   B. X   C. Z   D. W

147. 点的正面投影与水平投影的连线（   ）X轴。

A. 垂直于   B. 平行于   C. 倾斜于   D. 重合于

148. 点的正面投影与（   ）投影的连线垂直于X轴。

A. 右面   B. 侧面   C. 左面   D. 水平

149. 点的正面投影反映x、（   ）坐标。

A. x   B. y   C. z   D. o

150. 点的正面投影，反映（   ）、z坐标。

A. o   B. y   C. x   D. z

151. 空间直线与投影面的相对位置关系有一般位置直线、投影面（   ）和投影面平行线3种。

A. 倾斜线   B. 垂直线   C. 正垂线   D. 水平线

152. 空间直线与投影面的相对位置关系有一般位置直线、投影面垂直线和投影面（   ）。

A. 倾斜线   B. 平行线   C. 正垂线   D. 水平线

153. 空间直线与投影面的相对位置关系有（   ）种。

A. 1   B. 2   C. 3   D. 4

154. 平行于一个投影面同时倾斜于另外（   ）投影面的直线称为投影面平行线。

A. 四个   B. 三个   C. 一个   D. 两个

155. 点的投影变换中，新投影到（   ）的距离等于旧投影到旧坐标轴的距离。

A. 新坐标轴   B. 旧投影轴   C. 新坐标   D. 旧坐标

156. 锥度的标注包括（   ）、锥度符号、锥度值。

A. 指引线   B. 锥度   C. 符号   D. 字母

157. 锥度的标注包括指引线、锥度符号、（   ）。

A. 锥度   B. 锥度值   C. 数字   D. 字母

158. 圆弧连接的要点是求圆心、求（　　）、画圆弧。

A. 切点　　　　B. 交点　　　　C. 圆弧　　　　D. 圆点

159. 圆弧连接的要点是求圆心、求切点、（　　）。

A. 求切线　　　B. 求交线　　　C. 求连接点　　D. 画圆弧

160. 同心圆法是已知椭长短轴作椭圆的（　　）画法。

A. 近似　　　　B. 精确　　　　C. 类似　　　　D. 正确

二、判断题（第161题～第200题。将判断结果填入括号中。正确的填"√"，错误的填"×"。每题0.5分，满分20分。）

161. （　　）产品树中的部件是指根结点或下级结点。

162. （　　）肋板与相邻部分用波浪线分开。

163. （　　）执行移动命令时，打开正交方式，可使实体上各点在移动时平行坐标轴。

164. （　　）工程上常用的投影有多面正投影、轴测投影、透视投影和标高投影。

165. （　　）画正等轴测剖视图，可先画出物体的内部结构。

166. （　　）工程上常用的投影法有中心投影法和平行投影法。

167. （　　）正二等轴测图属于正投影的一种。

168. （　　）劳动合同是劳动者与用人单位确定劳动关系、明确双方权利和义务的协议。

169. （　　）图纸管理系统可以对成套图纸按照指定的路径自动搜索文件、提取数据、建立产品说明书。

170. （　　）讲究质量就是要做到自己绘制的每一张图纸都能符合图样的规定和产品的要求，为生产提供可靠的依据。

171. （　　）正二等轴测图的立体感不如正等轴测图强。

172. （　　）要绘制圆柱体正等轴测图，首先要学会画椭圆。

173. （　　）爱岗敬业就是要不断学习，勇于创新。

174. （　　）当标注线性尺寸时，尺寸线必须与所注的线段平行。

175. （　　）使用圆规画圆时，只要使铅芯或鸭嘴笔垂直于纸面就行。

176. （　　）计算机绘图的方法分为屏幕绘图和绘图机绘图两种。

177. （　　）产品树由主要结点和次要结点构成。

178. （　　）遵纪守法是指制图员要遵守职业纪律和职业活动的法律、法规，保守国家机密，不泄露企业情报信息。

179. （　　）在斜二等轴测图中，凡与坐标面倾斜的平面上的圆，轴测投影仍为圆。

180. （　　）斜投影是平行投影。

181. （　　）画螺钉连接装配图时，在投影为圆的视图中，螺钉头部的一字槽、十字槽应画成与水平线成45°的斜线。

182. （　　）零件按结构特点可分为轴套类、盘盖类、叉架类、箱壳类和薄板类。

183. （　　）道德可以用来评价人们思想言行善恶荣辱的标准以及个人思想品质和修养的境界。

184. （　　）一张完整的零件图应包括视图、尺寸、技术要求和标题栏。

185. （　　）图纸中字体的宽度一般为字体高度的 $1/\sqrt{2}$ 倍。

186. （　　）画开槽圆柱体的正等轴测图，首先画出圆柱上下两端面的椭圆。

187. （　　）尺寸公差中的极限偏差是指极限尺寸减偏差尺寸所得的代数差。

188. （　　） 图纸管理系统中，统计操作对产品树中的数据信息进行统计。

189. （　　） 正二等轴测图中，有2个轴的轴间角为131°25′。

190. （　　） 企业文化是社会道德的重要组成部分，是社会道德原则和规范在职业活动中的具体化。

191. （　　） 医生在给病人治疗时，应采用最昂贵的治疗药品。

192. （　　） 一张A2幅面图纸相当于2张A1幅面图纸。

193. （　　） 四心圆法画椭圆的方法可用于斜二轴测投影中。

194. （　　） 各种轴测投影的剖面线应平行于迹线三角形的对应边。

195. （　　） 职业道德仅调节行业之间、行业内部之间人与人的关系。

196. （　　） 社会上有多少种职业，就存在多少种职业道德。

197. （　　） 在计算机绘图中，图层的状态包括，层名、线型、颜色、可用或不可用以及是否为显示层等。

198. （　　） 产品树中的根结点应是产品的示意图。

199. （　　） 用计算机绘图时，栅格捕捉的作用是为了得到屏幕上两点间的距离。

200. （　　） 取轴向变形系数 $p=r=1$，$q=0.5$，绘制的斜轴测图称为简易斜二测。

计算机辅助设计制图员（机械）中级理论知识试卷样题答案

一、单项选择（第1题～第160题。选择一个正确的答案，将相应的字母填入题内的括号中。每题0.5分，满分80分。）

1. B	2. B	3. B	4. A	5. C	6. D	7. A	8. A
9. B	10. B	11. D	12. B	13. C	14. D	15. A	16. C
17. A	18. B	19. D	20. C	21. D	22. B	23. A	24. A
25. C	26. C	27. C	28. C	29. B	30. D	31. D	32. B
33. B	34. D	35. A	36. B	37. B	38. C	39. A	40. D
41. D	42. D	43. C	44. C	45. C	46. C	47. A	48. B
49. D	50. B	51. B	52. C	53. C	54. A	55. B	56. B
57. B	58. A	59. B	60. B	61. D	62. D	63. C	64. C
65. C	66. D	67. C	68. D	69. A	70. A	71. B	72. B
73. B	74. A	75. C	76. B	77. D	78. C	79. B	80. C
81. C	82. A	83. B	84. C	85. B	86. D	87. A	88. C
89. C	90. C	91. C	92. C	93. C	94. A	95. C	96. C
97. C	98. D	99. B	100. B	101. D	102. C	103. C	104. C
105. C	106. D	107. A	108. C	109. B	110. C	111. B	112. B
113. A	114. C	115. C	116. B	117. B	118. C	119. B	120. A
121. A	122. B	123. B	124. C	125. D	126. C	127. B	128. D
129. C	130. C	131. B	132. D	133. A	134. B	135. B	136. C
137. C	138. C	139. A	140. A	141. B	142. B	143. C	144. B
145. B	146. B	147. A	148. D	149. C	150. C	151. B	152. B
153. C	154. D	155. A	156. A	157. B	158. A	159. D	160. B

二、判断题 (第 161 题～第 200 题。将判断结果填入括号中。正确的填 "√"，错误的填 "×"。每题 0.5 分，满分 20 分。)

161. ×   162. ×   163. √   164. √   165. ×   166. √   167. √   168. √
169. ×   170. √   171. ×   172. √   173. ×   174. √   175. ×   176. ×
177. ×   178. √   179. ×   180. √   181. √   182. √   183. √   184. √
185. √   186. √   187. ×   188. √   189. √   190. ×   191. √   192. ×
193. ×   194. √   195. ×   196. √   197. ×   198. ×   199. ×   200. √

附录 3　计算机辅助设计制图员 (机械)中级实操试卷样题 (一)

注　意　事　项

1. 请首先按要求在试卷的标封处填写您的姓名、考号和所在单位的名称。
2. 请仔细阅读各种题目的回答要求，在规定的位置填写您的答案。
3. 不要在试卷上乱写乱画，不要在标封区填写无关内容。

第一部分　平面图部分 (60 分)

按要求完下列题目

要求：1. 按我国推荐国标设置粗实线、点画线、标注图层。

2. 按图纸要求尺寸绘制图形。

3. 设置 "数字标注样式" 和 "汉字标注样式" 两种文字格式。

4. 设置一种符合我国习惯的一种标注样式。

5. 标注图形。

6. 将完成的图形保存，如 "F：\考试\×××\零件平面图 2. dwg" (×××为考生本人姓名)。

一、绘制下面的平面图形 (30 分)

图形绘制

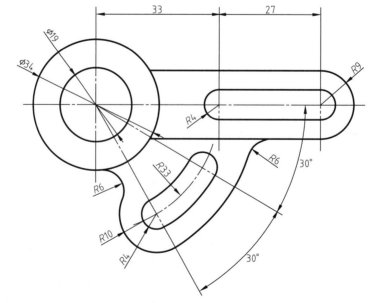

二、绘制下面的机械零件平面图形（30分）

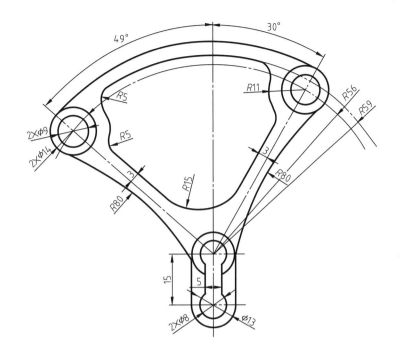

图形绘制

第二部分　三维图部分（40分）

按要求完成下列题目

要求：1. 将完成的图形保存，如"F:\考试\×××\零件三维图.dwg"（×××为考生本人姓名）。

　　　2. 按要求绘制下面的图形（40分）。

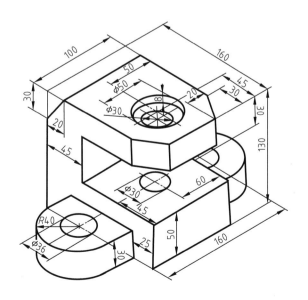

图形绘制

附录 4 计算机辅助设计制图员（机械)中级实操试卷样题（二）

注 意 事 项

1. 请首先按要求在试卷的标封处填写您的姓名、考号和所在单位的名称。
2. 请仔细阅读各种题目的回答要求，在规定的位置填写您的答案。
3. 不要在试卷上乱写乱画，不要在标封区填写无关内容。

第一部分　平面图部分（60 分）

按要求完下列题目

要求：1. 按我国推荐国标设置粗实线、点画线、标注图层。

2. 按图纸要求尺寸绘制图形。

3. 设置"数字标注样式"和"汉字标注样式"两种文字格式。

4. 设置一种符合我国习惯的一种标注样式。

5. 标注图形。

6. 将完成的图形保存，如"F：\考试\×××\零件平面图 2. dwg"（×××为考生本人姓名）。

一、基本设置 (20 分)

新建图形文件，在其中完成下列工作：

1. 按以下规定设置图层及线型，并设定线型比例；绘图时不考虑图线宽度。

图层名称	颜色	（颜色号）	线型
01	绿	（3）	实线 Continuous（粗实线用）
02	白	（7）	实线 Continuous（细实线、尺寸标注及文字用）
04	黄	（2）	虚线 ACAD _ ISO02W100
05	红	（1）	点画线 ACAD _ ISO04W100
07	粉红	（6）	双点画线 ACAD _ ISO05W100
11	红	（1）	定位点用，已设定，不得删除或改动

2. 按 1∶1 比例设置 A3 图幅（横装）一张，留装订边，画出图框线（纸边界线已画出）。

3. 按国家标准的有关规定设置文字样式，然后画出并填写如下图所示的标题栏。不用注写尺寸。

4. 完成以上各项后，保存在"F：\考试\×××\基本设置 . dwg"。

二、绘制下面的平面图形 (40 分)

要求：

1. 设置合适的图形界限；

2. 设置层（点画线、组实线、标注）；

3. 设置文字样式（标注数字、标注文字）；

4. 设置标注样式；

5. 文件绘制完成后，保存在"F:\考试\×××\零件平面图.dwg"。

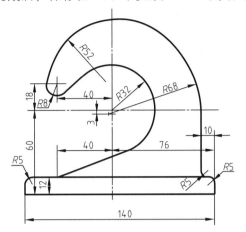

图形绘制

第二部分　三维图部分（40分）

要求：

1. 按标注尺寸以实体方式建模；

2. 保存在"F:\考试\×××\零件三维图.dwg"（×××为考生本人姓名）。

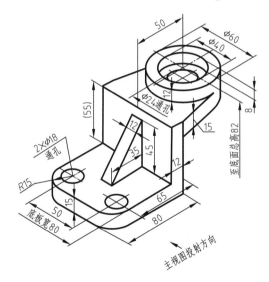

图形绘制

附录5　计算机辅助设计制图员（机械)中级实操试卷样题（三）

注　意　事　项

1. 请首先按要求在试卷的标封处填写您的姓名、考号和所在单位的名称。

2. 请仔细阅读各种题目的回答要求，在规定的位置填写您的答案。

3. 不要在试卷上乱写乱画，不要在标封区填写无关内容。

第一部分　平面图部分（60分）

按要求完下列题目

要求：1. 按我国推荐国标设置粗实线、点画线、标注图层。

2. 按图纸要求尺寸绘制图形。

3. 设置"数字标注样式"和"汉字标注样式"两种文字格式。

4. 设置一种符合我国习惯的一种标注样式。

5. 标注图形。

6. 将完成的图形保存，如"F：\考试\×××\零件平面图2.dwg"（×××为考生本人姓名）。

一、绘制下面的平面图形（30分）

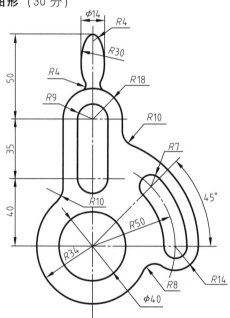

二、绘制下面的机械零件平面图形（40分）

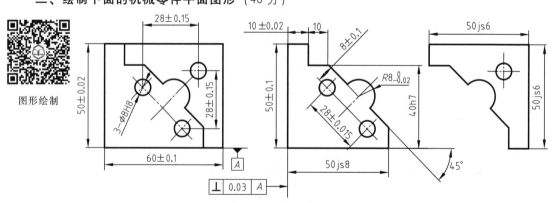

图形绘制

第二部分　三维图部分（40分）

要求：

1. 按标注尺寸以实体方式建模；

2. 保存在 "F: \考试\×××\零件三维图.dwg"(×××为考生本人姓名)。

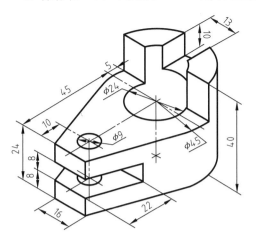

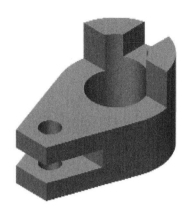

图形绘制

参 考 文 献

［1］ 赵国增. 计算机辅助绘图与设计——AutoCAD 2004. 北京：高等教育出版社，2006.

［2］ 魏勇. 机械识图与 AutoCAD 技术基础实训教程. 第 2 版. 北京：电子工业出版社，2011.

［3］ 冯振忠. 机械制图与 AutoCAD 绘图. 北京：化学工业出版社，2018.